飲膳正要

四部叢刊續編子部

上海涵芬樓景印
中華學藝社借照
日本岩﨑氏靜嘉
堂文庫藏明刊本

臣聞古之君子善脩其身者動息節宣以養生飲
食衣服以養體威儀行義以養德是故周公之制
禮也天子之起居衣服飲食各有其官皆統於冢
宰蓋慎之至也
今上皇帝天縱聖明文思深遠御延閣閱圖書旦暮
有恒則尊養德性以酬酢萬幾得內聖外王之道
焉於是趙國公臣常普蘭奚以所領膳醫臣忽思
慧所撰飲膳正要以進其言曰昔
世祖皇帝食飲必稽於本草動靜必準乎法度是以
身躋上壽貽子孫無疆之福焉是書也當時尚醫

之論著者云譩進書者可謂能執其藝事以致其
忠愛者矣是書進上
中宮覽焉念
祖宗衛生之戒知臣下陳義之勤思有以助
聖上之誠身而推其仁民之至意命中政院使臣拜
住刻梓而廣傳之茲舉也蓋欲推一人之安而使
天下之人舉安推一人之壽而使天下之人皆壽
恩澤之厚豈有加於此者哉書之既成大都留守
臣金界奴傳
勑命臣集序其端云臣集再拜稽首而言曰臣聞易

之傳有之大哉乾元萬物資始至哉坤元萬物資
生天地之大德不過生生而已耳今
聖皇正統於上乾道也
聖后順承於中坤道也乾坤道備於斯為盛斯民斯
物之生於斯時也何其幸歟顛颺言之使天下後
世有以知夫高明博厚之可見如此於戲休哉
天曆三年五月朔日謹序
奎章閣侍　書學士翰林直學士中奉大夫
知　制誥同脩國史臣虞集譔

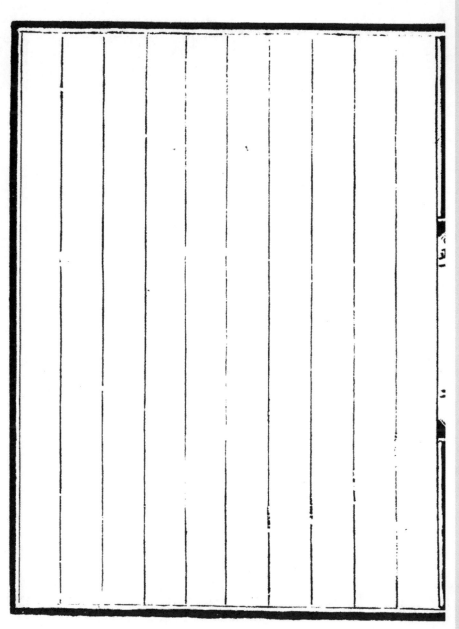

伏覩
國朝奄有四海遐邇罔不賓貢珍味奇品咸萃內
府或風土有所未宜或燥濕不能相濟儻司庖廚
者不能察其性味而槩於進
獻則食之恐不免於致疾欽惟
世祖皇帝聖明按周禮天官有師醫食醫疾醫瘍醫
分職而治行依典故設掌飲膳太醫四人於本草
內選無毒無相反可久食補益藥味與飲食相宜
調和五味及每日所造珍品
御膳必須精製所職何人所用何物

進酒之時必用沉香木沙金水晶等盞斟酌適中
執事務合稱職每日所用標注於曆以驗後效至
於湯煎瓊玉黃精天門冬蒼术等膏牛髓枸杞等
煎諸珍異饌咸得其宜以此
世祖皇帝聖壽延永無疾恭惟
皇帝陛下自登
寶位國事繁重萬機之暇遵依
祖宗定制如補養調護之術飲食百味之宜進加日
新則
聖躬萬安矣臣思慧自延祐年間選充飲膳之職于

玆有年久叨
天祿退思無以補報敢不竭盡忠誠以答
洪恩之萬一是以日有餘閑與趙國公臣普蘭奚
將累朝親侍
進用竒珍異饌湯膏煎造及諸家本草名醫方術
并日所必用穀肉菓菜取其性味補益者集成一
書名曰飲膳正要分為三卷本草有未收者今即
採摭附寫伏望
陛下恕其狂妄察其愚忠以
燕閒之際鑑

先聖之保攝順當時之氣俟棄虛取實期以獲安則
聖壽躋於無疆而四海咸蒙其
德澤矣謹獻所述飲膳正要一集以
聞伏乞
聖覽下情不勝戰慄激切屏營之至

天曆三年三月三日飲膳太醫臣忽思慧進上

中奉大夫太醫院使臣耿允謙校正

奎章閣都主管事資政大夫大都留守內宰隆禧總管提調織染雜造人匠都總管府事臣張金界奴校正

資德大夫中政院使儲政院使臣拜住校正

集賢大學士銀青榮祿大夫趙國公臣常普蘭奚編集

天之所生地之所養天地合氣人以稟天地氣生並而為三才三才者天地人人而有生所重乎者心也心為一身之主宰萬事之根本故身安則心能應萬變主宰萬事非保養何以能安其身保養之法莫若守中守中則無過與不及之病調順四時節慎飲食起居不妄使以五味調和五藏五藏和平則血氣資榮精神健爽心志安定諸邪自不能入寒暑不能襲人乃怡安夫上古聖人治未病不治已病故重食輕貨蓋有所取也故云食不厭精膾不厭細魚餒肉敗者色惡者臭惡者失飪不時者皆不可食然雖食飲

非聖人口腹之欲哉蓋以養氣養體不以有傷也若
食氣相惡則傷精若食味不調則損形形受五味以
成體是以聖人先用食禁以存性後制藥以防命蓋
以藥性有大毒有大毒者治病十去其六常毒治病
十去其七小毒治病十去其八無毒治病十去其九
然後穀肉菓菜十養一儘之無使過之以傷其正雖
飲食百味要其精粹審其有補益助養之宜新陳之
異溫涼寒熱之性五味偏走之病若滋味偏嗜新陳
不擇製造失度俱皆致疾可者行之不可者忌之如
姙婦不慎行乳母不忌口則子受患若貪爽口而忘

避忌則疾病潛生而中不悟百年之身而忘於一時之味其可惜哉孫思邈曰謂其醫者先曉病源知其所犯先以食療不瘥然後命藥十去其九故善養生者謹先行之攝生之法豈不爲有裕矣

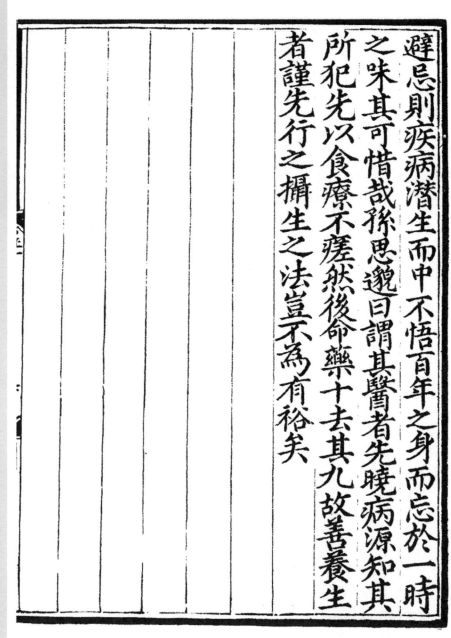

飲膳正要目録

第一卷

雜羹　葷素羹　珎珠粉　黃湯
三下鍋　葵菜羹　䝤子湯　團魚湯
盞蒸　臺苗羹　熊湯　鯉魚湯
炒狼湯　圍像　春盤麵　皂羹麵
山藥麵　掛麵　經帶麵　羊皮麵
禿禿麻食　細水滑　水龍餜子　馬乞
搠羅脫因　乞馬粥　湯粥　梁米淡粥
河西米湯粥　撒速湯　炙羊心　炙羊腰
攢鷄　炒鵪鶉　盤兔　河西肺
葷黃腱子　鼓兒簽子　帶花羊頭　魚彈兒

第二卷

諸般湯煎

桂漿　桂沉漿　荔枝膏　梅子丸

五味子湯　人參湯　仙术湯　杏霜湯

山藥湯　四和湯　薑棗湯　茴香湯

破氣湯　白梅湯　木瓜湯　橘皮醒醒湯

渴忒餅兒　官桂渴忒餅兒　荅必納餅兒　橙香餅兒

牛髓膏子　木瓜煎　香圓煎　株子煎

紫蘇煎　金橘煎　櫻桃煎　桃煎

石榴漿　小石榴煎　五味舍兒別　赤赤哈納

松子油　杏子油　酥油　醍醐油

五加皮酒　服桂　服松子　松節酒
服槐實　服枸杞　服蓮花　服栗子
服黃精　神枕法　服菖蒲　服胡麻
服五味　服藕實　服蓮子蓮蕊　服何首烏
四時所宜　五味偏走
食療諸病
生地黃雞　羊蜜膏　羊藏羹　羊骨粥
羊脊骨粥　白羊腎羹　猪腎粥　枸杞羊腎粥
鹿腎羹　羊肉羹　鹿蹄湯　鹿角酒
黑牛髓煎　狐肉湯　烏鷄湯　醍醐酒

第三卷

米穀品

蜜 麴 醋 醬 豉 鹽

酒 虎骨酒 羊羔酒 枸杞酒 五加皮酒 地黃酒 腽肭臍酒 松節酒 小黃米酒 茯苓酒 葡萄酒 松根酒 阿剌吉酒 速兒麻酒

獸品

牛 羊 黃羊 羖䍽 馬 野馬

象 駝 野駝 熊 驢 麋

鹿 獐 犬 猪 野猪 獺

虎 豹 麅 麂 麝 狐

犀牛 狼 兎 貍 塔剌不花 黃鼠 猴

禽品

天鵞 鵞 鴈 鵁鶄 水札 丹鷄

野雞 角雞 鴨 野鴨 鸂鶒 鴛鴦 鵓鴿 鳩

鳪 寒鴉 鵪鶉 雀 蒿雀

魚品

鯉魚 鯽魚 魴魚 白魚 黃魚 青魚 鮎魚

沙魚 鱓魚 河豘 鮑魚 石首 阿八兒忽魚 乞里麻魚

鼈 蟹 蝦 螺 蚌 蛤蜊 鱸魚 蝟

菓品

桃 梨 柿 木瓜 梅 李

柰 石榴 林檎 杏 柑 橘

橙 栗 棗 櫻桃 葡萄 胡桃
松子 蓮子 鷄頭 芰實 荔枝 龍眼
銀杏 橄欖 楊梅 榛子 榧子 沙糖
甜瓜 西瓜 酸棗 海紅 香圓 株子
平坡 八擔仁 必思荅

菜品

葵菜 蔓菁 芫荽 芥 葱 蒜
韭 冬瓜 黄瓜 蘿蔔 胡蘿蔔 天淨菜
瓠 菜瓜 葫蘆 蘑菰 菌子 木耳
竹筍 蒲筍 藕 山藥 芋 萵苣

白菜　蓬蒿　茄子　莧　芸薹　波薐

莙薘　香菜　蓼子　馬齒　天花　回回葱

甘露　榆仁　沙吉木兒　出莙達兒

山丹根　海菜　蕨　薇　苦買　水芹

料物

胡椒　小椒　良薑　茴香　甘草　芫荽子

乾薑　生薑　蒔蘿　陳皮　草果　桂

薑黃　蓽撥　縮砂　蓽澄茄　五味子　苦豆

紅麴　黑子兒　馬思荅吉　咱夫蘭　哈昔泥

穩展（即阿魏）　胭脂　梔子　蒲黃　回回青

太昊伏羲氏

風姓之源皇熊氏之後生有聖德繼天而王為萬世帝王之先位在東方以木德王為蒼精之君都陳時神龍出於滎河則而畫之為八卦造書契以代結繩之政立五常定五行正君臣明父子别夫婦之義制嫁娶之理造屋舍結網罟以佃漁服牛乘馬引重致遠取犧牲供祭祀故曰伏羲氏治天下一百一十年

炎帝神農氏

姜姓之源烈山氏之後生有聖德以火承木位在南方以火德王為赤精之君時人民茹草飲水採樹木

之實而食蠃蛖之肉多生疾病乃求可食之物嘗百草種五穀以養人民日中為市作陶冶為斧斤造耒耜教民耕稼故曰神農都曲阜治天下一百二十年

黃帝軒轅氏

姬姓之源有熊國君少典之子生而神靈長而聰明成而登天以土德王為黃精之君故曰黃帝都涿鹿受河圖見日月星辰之象始有星官之書命大撓探五行之情占斗罡所建始作甲子命容成作曆命隸首作筭數命伶倫造律呂命岐伯定醫方為衣冠以表貴賤治干戈作舟車分州野治天下一百年

飲膳正要卷第一

養生避忌

夫上古之人其知道者法於陰陽和於術數食飲有節起居有常不妄作勞故能而壽今時之人不然也起居無常飲食不知忌避亦不慎節多嗜慾厚滋味不能守中不知持滿故半百衰者多矣夫安樂之道在乎保養保養之道莫若守中守中則無過與不及之病春秋冬夏四時陰陽生病起於過與蓋不適其性而強故養生者既無過耗之弊又能保守真元何患乎外邪所中也故善服藥者不若善保養不善保養不若善服藥世有不善保養又不能善服藥倉卒

病生而歸咎於神天乎善攝生者薄滋味省思慮節嗜慾戒喜怒惜元氣簡言語輕得失破憂沮除妄想遠好惡收視聽勤內固不勞神不勞形神形既安病患何由而致也故善養性者先饑而食食勿令飽先渴而飲飲勿令過食欲數而少不欲頓而多蓋飽中饑饑中飽飽則傷肺饑則傷氣若食飽不得便卧即生百病

凡熱食有汗勿當風發痙病頭痛目澀多睡

夜不可多食　卧不可有邪風

凡食訖温水漱口令人無齒疾口臭

汗出時不可扇生偏枯　勿向西北大小便
勿忍大小便令人成膝勞冷痺痛
勿向星辰日月神堂廟宇大小便
夜行勿歌唱大叫　一日之忌暮勿飽食
一月之忌晦勿大醉　一歲之忌暮勿遠行
終身之忌勿燃燈房事　服藥千朝不若獨眠一宿
如本命日及父母本命日不食本命所屬肉
凡人坐必要端坐使正其心
凡人立必要正立使直其身
立不可久立傷骨　坐不可久坐傷血

行不可久行傷筋　臥不可久臥傷氣

視不可久視傷神　食飽勿洗頭生風疾

如患目赤病切忌房事不然令人生內障

沐浴勿當風腠理百竅皆開切忌邪風易入

不可登高履險奔走車馬氣亂神驚魂魄飛散

大風大雨大寒大熱不可出入妄為

口勿吹燈火損氣　凡日光射勿凝視損人目

勿望遠極目觀損眼力　坐臥勿當風濕地

夜勿燃燈睡魂魄不守　晝勿睡損元氣

食勿言寢勿語恐傷氣　凡遇神堂廟宇勿得輒入

凡遇風雨雷電必須閉門端坐焚香恐有諸神過

怒不可暴怒生氣疾惡瘡

遠唾不如近唾近唾不如不唾

虎豹皮不可近肉鋪損人目

避色如避箭避風如避讎莫喫空心茶少食申後粥

古人有云入廣者朝不可虛暮不可實然不獨廣凡

早皆忌空腹

古人云爛煮麵軟煮肉少飲酒獨自宿

古人平日起居而攝養令人待老而保生蓋無益

凡夜卧兩手摩令熱揉眼永無眼疾

凡夜臥兩手摩令熱摩面不生瘡䵟
一呵十搓一搓十摩久而行之皺少顔多
凡清旦以熱水洗目平日無眼疾
凡清旦刷牙不如夜刷牙齒疾不生
凡清旦塩刷牙平日無齒疾
凡夜臥被髮梳百通平日頭風少
凡夜臥濯足而臥四肢無冷疾
盛熱來不可冷水洗面生目疾
凡枯木大樹下久陰濕地不可久坐恐陰氣觸人
立秋日不可澡浴令人皮膚麄燥因生白屑

常默元氣不傷　少思慧燭內光
不怒百神安暢　不惱心地清涼
樂不可極慾不可縱

妊娠食忌

姙娠宜看鯉魚孔雀

姙娠宜看珠玉

婎媛宜看飛雁鳥之犬

姙娠食忌

上古聖人有胎教之法古者婦人姙子寢不側坐不邊立不蹕不食邪味割不正不食席不正不坐目不視邪色耳不聽淫聲夜則令瞽誦詩道正事如此則生子形容端正才過人矣故太任生文王聰明聖哲聞一而知百皆胎教之能也聖人多感生姙娠故忌見喪孝破體殘疾貧窮之人宜見賢良喜慶美麗之事欲子多智觀看鯉魚孔雀欲子美麗觀看珎珠美玉欲子雄壯觀看飛鷹走犬如此善惡猶感況飲食不知避忌乎

姙娠所忌

食兎肉令子無聲缺唇　食山羊肉令子多疾
食鷄子乾魚令子多瘡　食桑椹鴨子令子倒生
食雀肉飲酒令子心淫情亂不顧羞恥
食鷄肉糯米令子生寸白虫
食雀肉豆醬令子面生䵟黯
食鼈肉令子項短　食驢肉令子延月
食冰漿絶產　食騾肉令子難產

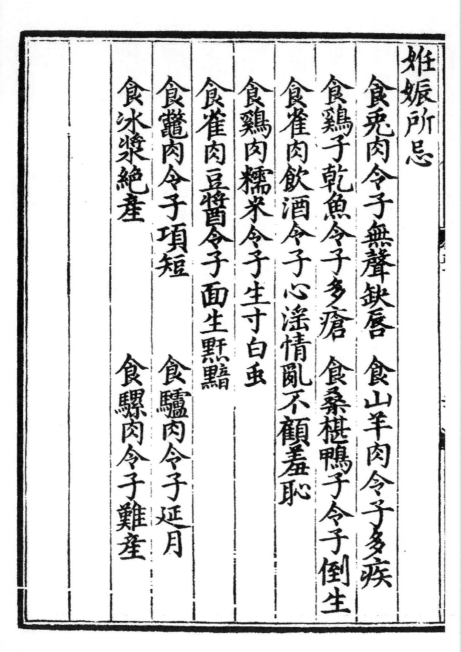

乳母食忌

乳母食忌

凡生子擇於諸母必求其年壯無疾病慈善性質寬裕温良詳雅寡言者使為乳母子在於母資乳以養亦大人之飲食也善惡相習况乳食不遂母性若子有病無病亦在乳母之慎口如飲食不知避忌倘不慎行貪爽口而忘身適性致疾使子受患是母令子生病矣

乳母雜忌

夏勿熱暑着乳則子偏陽而多嘔逆

冬勿寒冷乳則子偏陰而多咳痢

毋不欲多怒怒則氣逆乳之令子顛狂

毋不欲醉醉則發陽乳之令子身熱腹滿

毋若吐時則中虛乳之令子虛羸

毋有積熱蓋赤黃為熱乳之令子變黃不食

新房事勞傷乳之令子瘦瘁交脛不能行

毋勿太飽乳之

毋勿太飢乳之

毋勿太寒乳之

毋勿太熱乳之

子有瀉痢腹痛夜啼疾

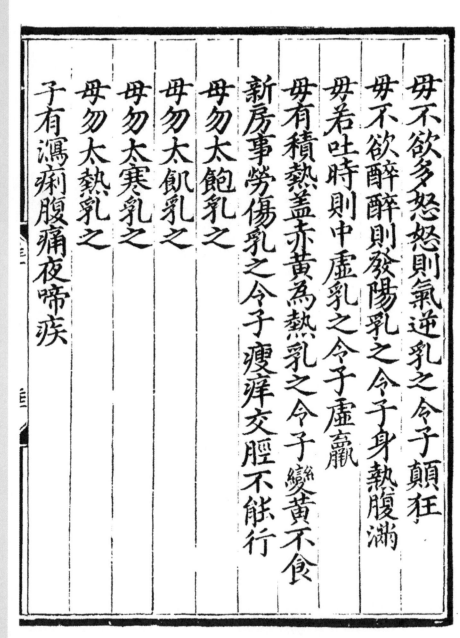

乳母忌食寒凉發病之物
子有積熱驚風瘡瘍
乳母忌食濕熱動風之物
子有疥癬瘡疾
乳母忌食魚蝦鷄馬肉發瘡之物
子有癖疳瘦疾
乳母忌食生茄黄瓜等物

凡初生兒時
以未啼之前用黄連浸汁調朱砂少許微抹口内
去胎熱邪氣令瘡疹稀少
凡初生兒時
用荆芥黄連熬水入野牙猪膽汁少許洗兒在後
雖生班疹惡瘡終當稀少
凡小兒未生瘡疹時
用臘月兎頭并毛骨同水煎湯洗兒除熱去毒能
令班疹諸瘡不生雖有亦稀少
凡小兒未生班疹時

以黑子母驢乳令飲之及長不生瘡疹諸毒如生
者亦稀少仍治小兒心熱風癇

飲酒避忌

飲酒避忌

酒味苦甘辛大熱有毒主行藥勢殺百邪去惡氣通血脉厚腸胃潤肌膚消憂愁少飲尤佳多飲傷神損壽易人本性其毒甚也醉飲過度喪生之源

飲酒不欲使多知其過多速吐之為佳不爾成痰疾

醉勿酩酊大醉即終身百病不除

酒不可久飲恐腐爛腸胃漬髓蒸筋

醉不可當風卧生風疾　醉不可向陽卧令人發狂

醉不可令人扇生偏枯　醉不可露卧生冷痺

醉而出汗當風為漏風　醉不可卧黍穰生癩疾

醉不可強食嗔怒生癰疽

醉不可走馬及跳躑傷筋骨

醉不可接房事小者面生䵟欬嗽大者傷臟澼痔疾

醉不可冷水洗面生瘡

醉醒不可再投損後又損

醉不可高呼大怒令人生氣疾

晦勿大醉忌月空

醉不可飲酪水成噎病

醉不可便卧面生瘡癤內生積聚

大醉勿燃燈叫恐魂魄飛揚不守

醉不可飲冷漿水失聲成尸噎

飲酒酒漿照不見人影勿飲

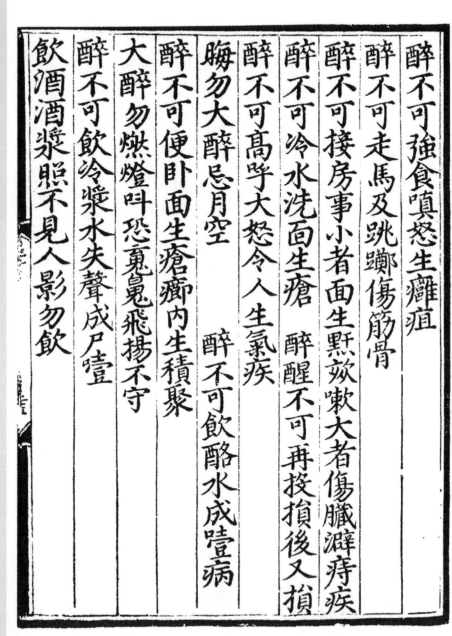

醉不可忍小便成癃閉膝勞冷痺

空心飲酒醉必嘔吐　醉不可忍大便生腸澼痔

酒忌諸甜物　酒醉不可食猪肉生風

醉不可強舉力傷筋損力

飲酒時大不可食猪羊腦大損人煉真之士尤宜忌

酒醉不可當風乘凉露脚多生脚氣

醉不可卧濕地傷筋骨生冷痺痛

醉不可澡浴多生眼目之疾

如患眼疾人切忌醉酒食蒜

聚珍異饌

聚珍異饌

馬思荅吉湯

補益温中順氣

羊肉一脚子卸成事件 草果五箇 官桂二錢 回回豆子半升擣碎去皮

右件一同熬成湯濾淨下熟回回豆子二合香粳米一升馬思荅吉一錢塩少許調和勻下事件肉芫荽葉

大麥湯

温中下氣壯脾胃止煩渴破冷氣去腹脹

羊肉一脚子卸成事件 草果五箇

大麥仁二升滚水淘洗淨微煮熟

右件熬成湯濾淨下大麥仁熬熟鹽少許調和令勻下事件肉

八兒不湯係西天茶飯名

補中下氣寬胸膈

羊肉一脚子卸成事件 草果五箇

回回豆子半升擣碎去皮 蘿蔔二箇

右件一同熬成湯濾淨湯內下羊肉切如色數大熟蘿蔔切如色數大咱夫蘭一錢薑黃二錢胡椒二錢

哈昔泥半錢芫荽葉塩少許調和勻對香粳米乾飯
食之入醋少許

沙乞某兒湯

補中下氣和脾胃

羊肉一脚子卸成事件 草果五箇

回回豆子半升擣碎去皮 沙乞某兒五箇係蔓菁

右件一同熬成湯濾淨下熟回回豆子二合香粳米一升熟沙乞某兒切如色數大下事件肉塩少許調和令勻

苦豆湯

補下元理腰膝温中順氣

羊肉一脚子卸成事件 草果五箇 苦豆一兩係蒴蘆巴

右件一同熬成湯濾淨下河西兀麻食或米心餜子

哈昔泥半錢塩少許調和

木瓜湯

補中順氣治腰膝疼痛脚氣不仁

羊肉一脚子卸成事件 草果五箇

回回豆子半升搗碎去皮

右件一同熬成湯濾淨下香粳米一升熟回回豆子

二合肉彈兒木瓜二斤取汁沙糖四兩塩少許調和

或下事件肉

鹿頭湯

補益止煩渴治脚膝疼痛

鹿頭蹄一付退洗淨𨰼作塊

右件用哈昔泥豆子大研如泥與鹿頭蹄肉同拌勻用回回小油四兩同炒入滚水熬令軟下胡椒三錢哈昔泥二錢蓽撥一錢牛妳子一盞生薑汁一合塩少許調和一法用鹿尾取汁入薑末塩同調和

松黄湯

補中益氣壯筋骨

羊肉一脚子卸成事件 草果五箇

回回豆子半升擣碎去皮

右件同熬成湯濾淨熟羊胷子一箇切作色數大松黄汁二合生薑汁半合一同下炒葱盐醋芫荽葉調和勻對經捲兒食之

粆湯

補中益氣建脾胃

羊肉一脚子卸成事件 草果五箇 回回豆子半升去皮

右件同熬成湯濾淨熟乾羊胷子一箇切片粆三升白菜或蕁麻菜一同下鍋盐調和勻

大麥筭子粉

補中益氣建脾胃

羊肉一脚子卸成事件 草果五箇 回回豆子半升去皮

右件同熬成湯濾淨大麥粉三斤豆粉一斤同作粉

羊肉炒細乞馬生薑汁二合芫荽葉塩醋調和

大麥片粉

補中益氣建脾胃

羊肉一脚子卸成事件 草果五箇 良薑二錢

右件同熬成湯濾淨下羊肝醬取清汁胡椒五錢熟

羊肉切作甲葉糟薑二兩瓜虀一兩切如甲葉塩醋

調和或渾汁亦可

糯米粉搊粉

補中益氣

羊肉一脚子卸成事件 草果五箇 良薑二錢

右件同熬成湯濾淨用羊肝醬熬取清汁下胡椒五錢糯米粉二斤與豆粉一斤同作搊粉羊肉切細乞馬入鹽醋調和渾汁亦可

河豘羹

補中益氣

羊肉一脚子卸成事件 草果五箇

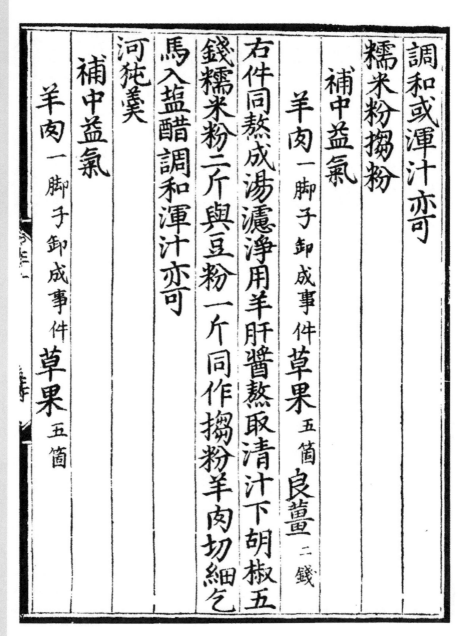

右件同熬成湯濾淨用羊肉切細乞馬陳皮五錢去白葱二兩細切料物二錢塩醬拌餡兒皮用白麪三斤作河豘小油煠熟下湯内入塩調和或清汁亦可

阿菜湯

補中益氣

羊肉一脚子卸成事件　草果五箇　良薑二錢

右件同熬成湯濾淨下羊肝醬同取清汁入胡椒五錢另羊肉切片羊尾子一箇羊舌一箇羊腰子一付各切甲葉蘑菰二兩白菜一同下清汁塩醋調和

鷄頭粉雀舌餺子

補中益氣

羊肉一脚子卸成事件 草果五箇

回回豆子半升擣碎去皮

右件同熬成湯濾淨用鷄頭粉二斤豆粉一斤同和切作餜子羊肉切細乞馬生薑汁一合炒葱調和

鷄頭粉血粉

補中益精氣

羊肉一脚子卸成事件 草果五箇

回回豆子半升擣碎去皮

右件同熬成湯濾淨用鷄頭粉二斤豆粉一斤羊血

和作撈粉羊肉切細乞馬炒葱醋一同調和

鷄頭粉撧麵

補中益精氣

羊肉一脚子卸成事件 草果五箇

回回豆子半升擣碎去皮

右件同熬成湯濾淨用鷄頭粉二斤豆粉一斤白麵一斤同作麵羊肉切片兒乞馬入炒葱醋一同調和

鷄頭粉撈粉

補中益精氣

羊肉一脚子卸成事件 草果五箇 良薑二錢

右件同熬成湯濾淨用羊肝醬同取清汁入胡椒一兩次用鷄頭粉二斤豆粉一斤同作攙粉羊肉切細乞馬下塩醋調和

鷄頭粉餛飩

補中益氣

羊肉一脚子卸成事件　草果五箇

回回豆子半升擣碎去皮

右件同熬成湯濾淨用羊肉切作餡下陳皮一錢去白生薑一錢細切五味和勻次用鷄頭粉二斤豆粉一斤作枕頭餛飩湯內下香粳米一升熟回回豆子

二合生薑汁二合木瓜汁一合同炒葱塩勻調和

雜羹

補中益氣

羊肉一脚子卸事件　草果五箇

回回豆子半升搗碎去皮

右件同熬成湯濾淨羊頭洗淨二箇羊肚肺各二具羊白血雙腸兒一付並煮熟切次用豆粉三斤作粉蘑菰半斤杏泥半斤胡椒一兩入青菜芫荽炒葱塩醋調和

葷素羹

補中益氣

羊肉一脚子卸成事件 草果五箇

回回豆子半升擣碎去皮

右件同熬成湯濾淨豆粉三斤作片粉精羊肉切條道乞馬山藥一斤糟薑二塊瓜虀一塊乳餅一箇胡蘿蔔十箇蘑菰半斤生薑四兩各切雞子十箇打煎餅切用麻泥一斤杏泥半斤同炒葱塩醋調和

珍珠粉

補中益氣

羊肉一脚子卸成事件 草果五箇

回回豆子半升擣碎去皮

右件同熬成湯濾淨羊肉切乞馬心肝肚肺各一具

生薑二兩糟薑四兩瓜虀一兩胡蘿蔔十箇山藥一

斤乳餅一箇鷄子十箇作煎餅各切次用麻泥一斤

同炒葱鹽醋調和

黃湯

補中益氣

羊肉一脚子卸成事件草果五箇

回回豆子半升擣碎去皮

右件同熬成湯濾淨下熟回回豆子二合香粳米一

升胡蘿蔔五箇切用羊後脚肉丸肉彈兒肋枝一箇切寸金薑黄三錢薑末五錢咱夫蘭一錢芫荽葉同塩醋調和

三下鍋

補中益氣

羊肉一脚子卸成事件 草果五箇 良薑二錢

右件同熬成湯濾淨用羊後脚肉丸肉彈兒丁頭餻子羊肉指甲匾食胡椒一兩同塩醋調和

葵菜羹

順氣治癃閉不通性寒不可多食令與諸物同製

造其性稍温

羊肉一脚子卸成事件　草果五箇　良薑二錢

右件同熬成湯熟羊肚肺各一具切蘑菰半斤切胡椒五錢白麵一斤拌鷄爪麵下葵菜炒葱盐醋調和

瓠子湯

性寒主消渴利水道

羊肉一脚子卸成事件　草果五箇

右件同熬成湯濾淨用瓠子六箇去穰皮切掠熟羊肉切片生薑汁半合白麵二两作麵絲同炒葱盐醋調和

團魚湯
主傷中益氣補不足
羊肉一腳子卸成事件 草果五箇
右件熬成湯濾淨團魚五六箇煮熟去皮骨切作塊用麵二兩作麵絲生薑汁一合胡椒一兩同炒葱鹽醋調和

盞蒸
補中益氣
羊背皮或羊肉三腳子卸成事件 草果五箇
良薑二錢 陳皮二錢去白 小椒二錢

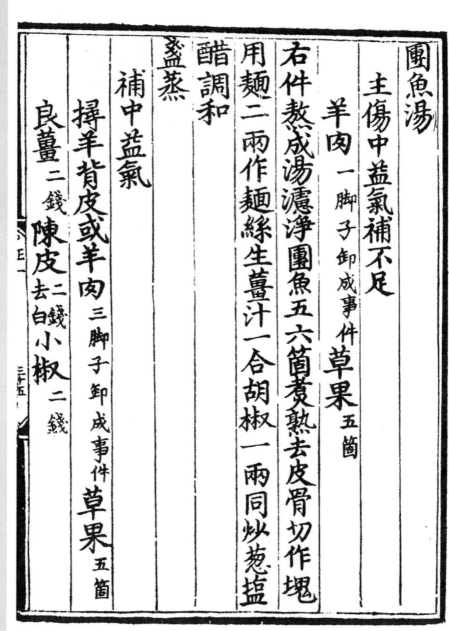

右件用杏泥一斤松黃二合生薑汁二合同炒葱塩五味調匀入盞内蒸令軟熟對經捲兒食之

臺苗羹

補中益氣

羊肉一脚子卸成事件　草果五箇　良薑二錢

右件熬成湯濾淨用羊肝下醬取清汁豆粉五斤作粉乳餅一箇山藥一斤胡蘿蔔十箇羊尾子一箇羊肉等各切細入臺子菜韮菜胡椒一兩塩醋調和

䱜湯

治風痺不仁脚氣

熊肉二脚子煮熟切塊草果三箇

右件用胡椒三錢哈昔泥一錢薑黃二錢縮砂二錢咱夫蘭一錢葱塩醬一同調和

鯉魚湯

治黃疸止渴安胎有宿瘕者不可食之

大新鯉魚十頭去鱗肚洗淨小椒末五錢

右件用芫荽末五錢葱二兩切酒少許塩一同淹拌清汁内下魚次下胡椒末五錢生薑末三錢蓽撥末三錢塩醋調和

炒狼湯

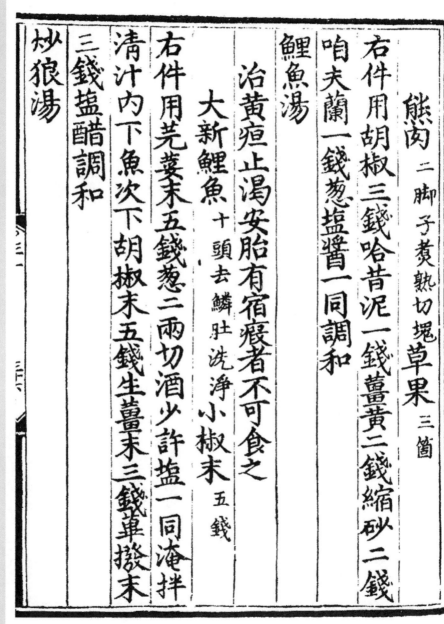

古本草不載狼肉今云性熱治虛弱然食之未聞
有毒今製造用料物以助其味暖五藏溫中

狼肉一脚子卸成事件 草果三箇 胡椒五錢
哈昔泥一錢 蓽撥二錢 縮砂二錢 薑黃二錢
咱夫蘭一錢

右件熬成湯用葱醬鹽醋一同調和

圖像

補益五藏

羊肉一脚子煮熟細切 羊尾子二箇熟切細
藕二枚 蒲筍二斤 黃瓜五箇 生薑半斤

乳餅二箇 糟薑四兩 瓜虀半斤 雞子一十箇煎作餅

蘑菰一斤 蔓菁菜 韭菜各切條道

右件用好肉湯調麻泥二斤薑末半斤同炒葱鹽醋

調和對胡餅食之

春盤麵

補中益氣

白麵六斤切細麵 羊肉二脚子熬熟切條道乞馬

羊肚肺各一箇熬熟切 雞子五箇煎作餅裁旛

生薑四兩切 韭黃半斤 蘑菰四兩 臺子菜

蓼牙 胭脂

右件用清汁下胡椒一兩塩醋調和

皂羹麪

補中益氣

白麪六斤切細麪羊胷子二箇退洗淨煮熟切如色數塊

右件用紅麪三錢淹拌熬令軟同入清汁內下胡椒一兩塩醋調和

山藥麪

補虛羸益元氣

白麪六斤鷄子十箇取白生薑汁二合豆粉四兩

右件用山藥三斤煑熟研泥同和麪羊肉二脚子切

丁頭乞馬用好肉湯下炒葱鹽調和

掛麵

補中益氣

羊肉一脚子切細乞馬　掛麵六斤　蘑菰半斤洗淨切

鷄子五箇煎作餅　糟薑一兩切　瓜虀一兩切

右件用清汁下胡椒一兩鹽醋調和

經帶麵

補中益氣

羊肉一脚子炒焦肉乞馬　蘑菰半斤洗淨切

右件用清汁下胡椒一兩鹽醋調和

羊皮麵

補中益氣

羊皮二箇撏洗淨煮軟 羊舌二箇熟

羊腰子四箇熟各切如甲葉 蘑菰一斤洗淨 糟薑四兩各切如甲葉

右件用好肉釅湯或清汁下胡椒一兩鹽醋調和

禿禿麻食係手撇麵

補中益氣

白麵六斤作禿禿麻食 羊肉一脚子炒焦肉乞馬

右件用好肉湯下炒葱調和勻下蒜酪香菜末

細水滑絹邊水滑一同

補中益氣

白麵六斤作水滑　羊肉二脚子炒焦肉乞馬

鷄兒一箇熟切絲　蘑菇半斤洗淨切

右件用清汁下胡椒一兩塩醋調和

水龍餵子

補中益氣

羊肉二脚子熟切作乞馬　白麵六斤切作錢眼餵子

鷄子十箇　山藥一斤　糟薑四兩　胡蘿蔔五箇

瓜虀二兩各切細　三色彈兒內一色肉彈兒外二色粉鷄子彈兒

右件用清汁下胡椒二兩塩醋調和

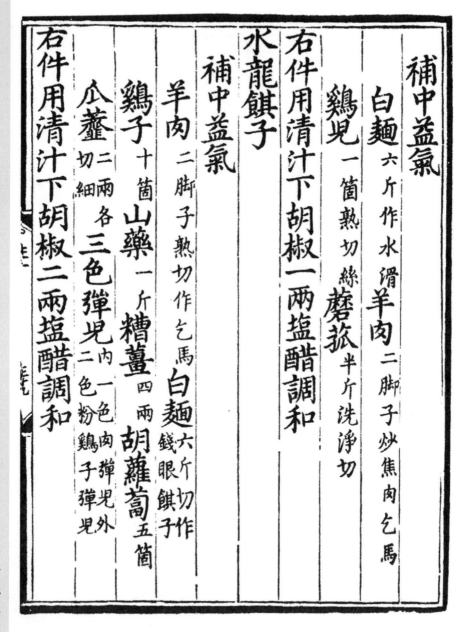

馬乞係手搓麵或糯米粉鷄頭粉亦可

補中益氣

白麵六斤作馬乞　羊肉二脚子熟切乞馬

右件用好肉湯炒葱醋鹽一同調和

搠羅脱因係畏兀兒茶飯

補中益氣

白麵六斤和按作錢樣　羊肉二脚子熟切　羊舌二箇熟切

山藥一斤　蘑菰半斤　胡蘿蔔五箇　糟薑四兩切

右件用好釅肉湯同下炒葱醋調和

乞馬粥

補脾胃益氣力

羊肉 一脚子卸成事件熬成湯濾淨 粱米 二升淘洗淨

右件用精肉切碎乞馬先將米下湯內次下乞馬米葱塩熬成粥或下圓米或折米或渴米皆可

湯粥

補脾胃益腎氣

羊肉 一脚子卸成事件

右件熬成湯濾淨次下粱米二升作粥熟下米葱塩或下圓米渴米折米皆可

粱米淡粥

補中益氣

粱米二升

右先將水滚過澄清濾淨次將米淘洗三五遍熬成粥或下圓米渴米折米皆可

河西米湯粥

補中益氣

羊肉一脚子卸成事件　河西米二升

右熬成湯濾淨下河西米淘洗淨次下細乞馬米葱塩同熬成粥或不用乞馬亦可

撒速湯係西天茶飯名

治元藏虛冷腹內冷痛腰脊酸疼

羊肉兩脚子頭蹄一付　草果四箇　官桂三兩　生薑半斤

哈昔泥如回回豆子兩箇大

右件用水一鐵絡熬成湯於石頭鍋內盛頓下石榴子一斤胡椒二兩鹽少許炮石榴子用小油一杓哈昔泥如豌豆一塊炒鵝黃色微黑湯末子油去淨澄清用甲香甘松哈昔泥酥油燒煙薰瓶封貯任意

炙羊心

治心氣驚悸鬱結不樂

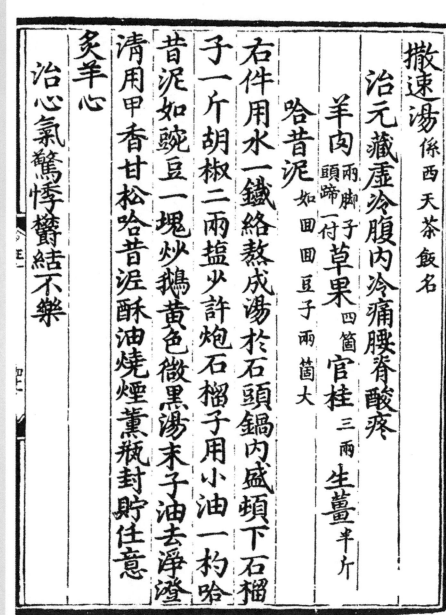

羊心（一箇帶系桶）咱夫蘭（三錢）

右件用玫瑰水一盞浸取汁入塩少許簽子簽羊心於火上炙將咱夫蘭汁徐徐塗之汁盡為度食之安寧心氣令人多喜

炙羊腰

治卒患腰眼疼痛者

羊腰（一對）咱夫蘭（一錢）

右件用玫瑰水一杓浸取汁入塩少許簽子簽腰子火上炙將咱夫蘭汁徐徐塗之汁盡為度食之甚有効驗

攢鷄兒

肥鷄兒十箇撏洗淨熟切攢 生薑汁一合 葱二兩切

薑末半斤 小椒末四兩 麵二兩作麵絲

右件用煑鷄兒湯炒葱醋入薑汁調和

炒鵪鶉

鵪鶉二十箇打成事件 蘿蔔二箇切 薑末四兩

羊尾子一箇各切如色數 麵二兩作麵絲

右件用煮鵪鶉湯炒葱醋調和

盤兔

兔兒二箇切作事件 蘿蔔二箇切

羊尾子一箇切片 細料物二錢
右件用炒葱醋調和下麵絲二兩調和

河西肺

羊肺一箇 韭六斤取汁 麵二斤打糊 酥油半斤
胡椒二兩 生薑汁二合
右件用塩調和勻灌肺煑熟用汁澆食之

薑黃腱子

羊腱子一箇熟 羊肋枝二箇截作長塊 豆粉一斤
白麵一斤 咱夫蘭二錢 梔子五錢
右件用塩料物調和搽腱子下小油煠

鼓兒簽子

羊肉五斤切細　羊尾子一箇切細　鷄子十五箇　生薑二錢
葱二兩切　陳皮二錢去白　料物三錢

右件調和勻入羊白腸內煑熟切作鼓樣用豆粉一斤白麵一斤咱夫蘭一錢梔子三錢取汁同拌鼓兒簽子入小油煠

帶花羊頭

羊頭三箇熟切　羊腰子四箇　羊肚肺各一具煑熟切攢胭脂淥
生薑四兩　糟薑二兩各切　鷄子五箇作花樣　蘿蔔三箇作花樣

右件用好肉湯炒葱盐醋調和

魚彈兒

大鯉魚十箇去皮骨頭尾　羊尾子二箇同剁為泥　生薑一兩切細

葱二兩切細　陳皮末三錢　胡椒末一兩　哈昔泥二錢

右件下盐入魚肉内拌匀丸如彈兒用小油煠

芙蓉鷄

鷄兒十箇熟攢　羊肚肺各一具熟切　生薑四兩切

胡蘿蔔十箇切　鷄子二十箇煎作餅刻花樣　赤根芫荽打糝

胭脂　栀子染　杏泥一斤

右件用好肉湯炒葱醋調和

肉餅兒

精羊肉十斤去脂膜筋搥為泥 哈昔泥三錢 胡椒二兩

蓽撥一兩 芫荽末一兩

右件用鹽調和勻撚餅入小油煠

鹽腸

羊苦腸水洗淨

右件用鹽拌勻風乾入小油煠

腦瓦剌

熟羊胷子二箇切薄片 鷄子二十箇熟

右件用諸般生菜一同捲餅

薑黃魚

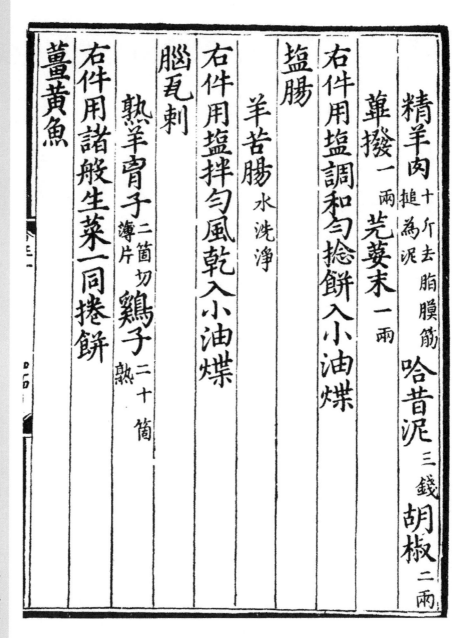

鯉魚十箇去皮鱗　白麵二斤　豆粉一斤　芫荽末二兩

右件用塩料物淹拌過搽魚入小油煠熟用生薑二兩切絲芫荽葉胭脂染蘿蔔絲炒葱調和

攢鴈

鴈五箇煮熟切攢　薑末半斤

右用好肉湯炒葱塩調和

猪頭薑豉

猪頭二箇洗淨切成塊　陳皮二錢去白　良薑二錢　小椒二錢

官桂二錢　草果五箇　小油一斤　蜜半斤

右件一同熬成次下芥末炒葱醋塩調和

蒲黃瓜虀

淨羊肉十斤煮熟切如瓜虀 小椒一兩 蒲黃半斤

右件用細料物一兩塩同拌勻

攢羊頭

羊頭五箇煮熟攢 薑末四兩 胡椒一兩

右件用好肉湯炒葱塩醋調和

攢牛蹄馬蹄熊掌一同

牛蹄一付煮熟攢 薑末二兩

右件用好肉湯同炒葱塩調和

細乞思哥

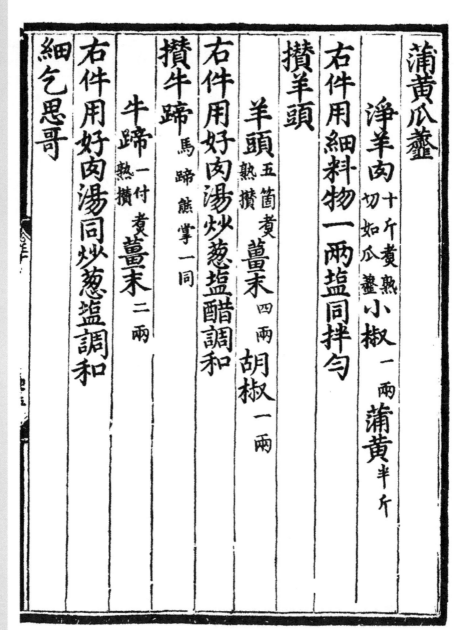

羊肉一脚子煮熟切細蘿蔔二箇熟切細羊尾子一箇熟切

哈夫兒二錢

右件用好肉湯同炒葱調和

肝生

羊肝一箇水浸切細絲生薑四兩切細絲蘿蔔二箇切細絲

香菜蓼子各二兩切細絲

右件用塩醋芥末調和

馬肚盤

馬肚腸一付煮熟切芥末半斤

右件將白血灌腸刻花樣澀脾和脂剁心子攢成炒

葱塩醋芥末調和

䐑䐑兒係細項

䐑兒二箇卸成各一節　哈昔泥一錢　葱一兩切細

右件用塩一同淹拌少時入小油䐑熟次用咱夫蘭二錢水浸汁下料物芫荽末同糁拌

熬蹄兒

羊蹄五付退洗淨煮軟切成塊　薑末一兩　料物五錢

右件下麪絲炒葱醋塩調和

熬羊胸子

羊胸子二箇退毛洗淨煮軟切作色數塊　薑末二兩　料物五錢

右件用好肉湯下麵絲炒葱塩醋調和

魚膾

新鯉魚五箇去皮骨頭尾　生薑二兩　蘿蔔二箇　葱一兩

香菜蓼子各切如絲胭脂打糝

右件下芥末炒葱塩醋調和

紅絲

羊血同白麵依法煑熟　生薑四兩　蘿蔔一箇

香菜蓼子各一兩切細絲

右件用塩醋芥末調和

燒鴈燒鷀鵚燒鴨子等一同

鴈一箇去毛腸肚淨　羊肚一箇退洗淨包鴈　葱二兩　芫荽末一兩

右件用塩同調入鴈腹内燒之

燒水札

水札十箇撏洗淨　芫荽末一兩　葱十莖　料物五錢

右件用塩同拌匀燒或以肥麵包水札就籠内蒸熟亦可或以酥油水和麵包水札入爐鏊内爐熟亦可

柳蒸羊

羊一口帶毛

右件於地上作爐三尺深周回以石燒令通赤用鐵芭盛羊上用柳子盖覆土封以熟爲度

倉饅頭

羊肉羊脂葱生薑陳皮各切細

右件入料物塩醬拌和為餡

鹿奶肪饅頭或做倉饅頭或做皮薄饅頭皆可

鹿奶肪羊尾子各切如指甲片生薑陳皮各切細

右件入料物塩拌和為餡

茄子饅頭

羊肉羊脂羊尾子葱陳皮各切細嫩茄子去穰

右件同肉作餡却入茄子內蒸下蒜酪香菜末食之

剪花饅頭

羊肉羊脂羊尾子葱陳皮各切細
右件依法入料物塩醬拌餡包饅頭用剪子剪諸般
花樣蒸用胭脂染花

水晶角兒

羊肉羊脂羊尾子葱陳皮生薑各切細
右件入細料物塩醬拌匀用豆粉作皮包之

酥皮奄子

羊肉羊脂羊尾子葱陳皮生薑各切細或下不哈孫係山丹根
右件入料物塩醬拌匀用小油米粉與麵同和作皮

撇列角兒

羊肉羊脂羊尾子新韭各切細

右件入料物塩醬拌勻白麵作皮鏊上炮熟次用酥

油蜜或以葫蘆瓠子作餡亦可

時蘿角兒

羊肉羊脂羊尾子葱陳皮生薑各切細

右件入料物塩醬拌勻用白麵蜜與小油拌入鍋內

滚水攪熟作皮

天花包子或作蟹黃亦可　藤花包子一同

羊肉羊脂羊尾子葱陳皮生薑各切細

天花滚水燙熟洗淨切細

右件入料物塩醬拌餡白麵作薄皮蒸

荷蓮兜子

羊肉三脚子切　羊尾子二箇切　雞頭仁八兩

松黄八兩　八檐仁四兩　蘑菰八兩　杏泥一斤

胡桃仁八兩　必思荅仁四兩　胭脂一兩

梔子四錢　小油二斤　生薑八兩　豆粉四斤

山藥三斤　鷄子三十箇　羊肚肺各二付　苦腸一付

葱四兩　醋半餅　芫荽葉

右件用塩醬五味調和勻豆粉作皮入盞内蒸用松

黄汁澆食

黑子兒燒餅

白麵五斤 牛妳子二升 酥油一斤 黑子兒一兩微炒

右件用鹽減少許同和麵作燒餅

牛妳子燒餅

白麵五斤 牛妳子二升 酥油一斤 茴香一兩微炒

右件用鹽減少許同和麵作燒餅

鉦餅經捲兒一同

白麵十斤 小油一斤 小椒一兩炒去汗 茴香一兩炒

右件隔宿用酵子鹽減溫水一同和麵次日入麵接肥再和成麵每斤作二箇入籠内蒸

頗兒必湯即羊辟膝骨

生男女虛勞寒中羸瘦陰氣不足利血脉益經氣

頗兒必三四十箇水洗淨

右件用水一鐵絡同熬四分中熬取一分澄濾淨去油去滓再凝定如欲食任意多少

米哈訥關列孫

治五勞七傷藏氣虛冷常服補中益氣

羊後脚一箇去筋膜切碎

右件用淨鍋内乾爁熟令蓋封閉不透氣後用淨布絞紐取汁

飲膳正要卷第一

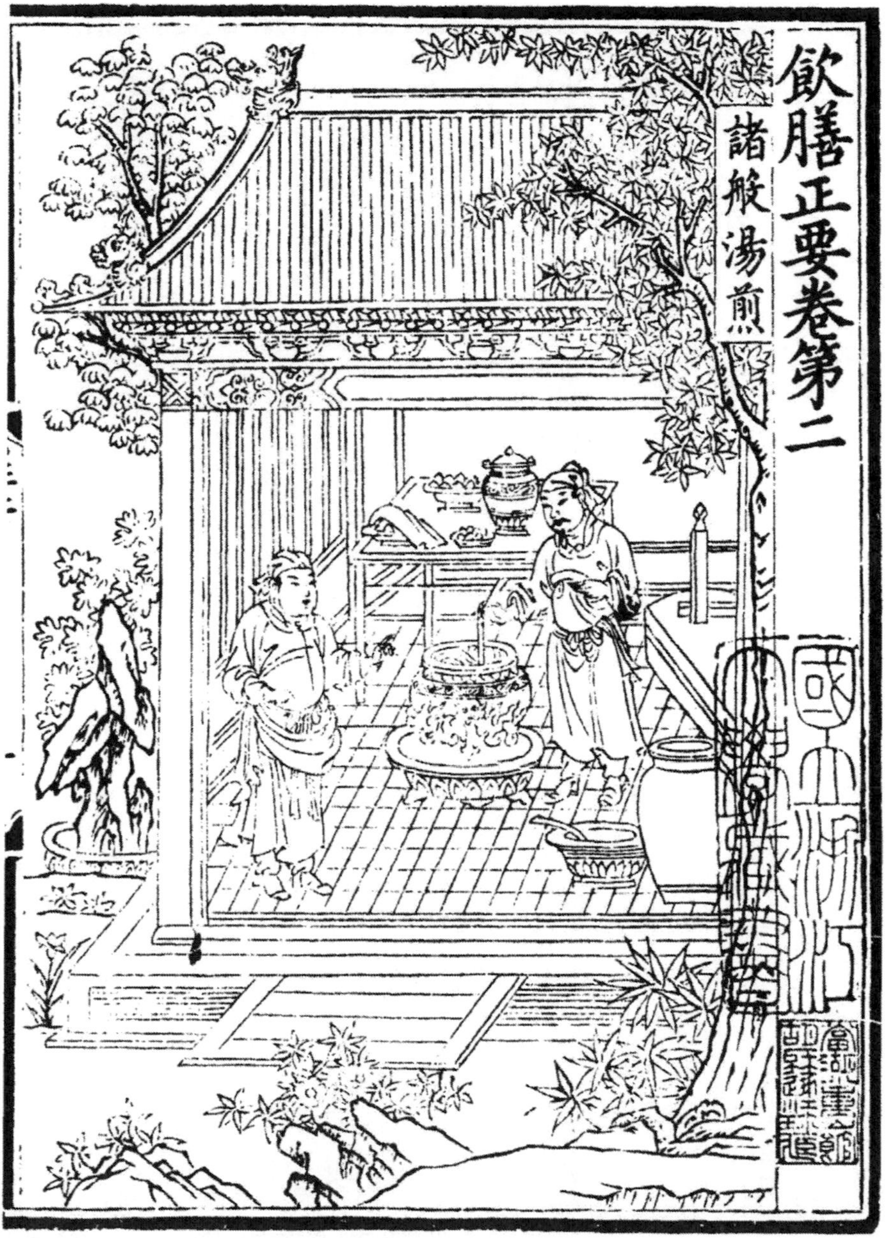
飲膳正要卷第二
諸般湯煎

諸般湯煎

桂漿

生津止渴益氣和中去濕逐飲

生薑三斤取汁 熟水二斗 赤茯苓三兩去皮為末 桂三兩去皮為末

麴末半斤 杏仁一百箇湯洗去皮尖生研為泥 大麥蘖半兩為末

白沙蜜三斤煉淨

右用前藥蜜水拌和勻入淨磁礶內油紙封口數重泥固濟冰窨內放三日方熟綿濾冰浸暑月飲之

桂沉漿

去濕逐飲生津止渴順氣

紫蘇葉一兩剉　沉香三錢剉　烏梅一兩取肉　沙糖六兩

右件四味，用水五六椀，熬至三椀，濾去滓，入桂漿一升，合和作漿飲之。

荔枝膏

生津止渴去煩。

烏梅半斤取肉　桂一十兩去皮剉　沙糖二十六兩　麝香半錢研

生薑汁五兩　熟蜜一十四兩

右用水一斗五升，熬至一半，濾去滓，下沙糖、生薑汁，再熬去柤，澄定少時，入麝香攪勻，澄清，如常任意服。

梅子丸

生津止渴解化酒毒去濕

烏梅一兩半取肉　白梅一兩半取肉　乾木瓜一兩半

紫蘇葉一兩半　甘草一兩炙　檀香二錢　麝香一錢研

右為末入麝香和勻沙糖為丸如彈大每服一丸噙化

五味子湯代葡萄酒飲

生津止渴暖精益氣

北五味一斤淨肉　紫蘇葉六兩　人參四兩去蘆剉　沙糖二斤

右件用水二斗熬至一斗濾去滓澄清任意服之

人參湯代酒飲

順氣開胸膈止渴生津

新羅參四兩去蘆剉 橘皮一兩去白 紫蘇葉二兩

沙糖一斤

右件用水二斗熬至一斗去滓澄清任意飲之

仙术湯

去一切不正之氣溫脾胃進飲食辟瘟疫除寒濕

蒼术一斤米泔浸三日竹刀子切片焙乾為末 茴香二兩炒為末

甘草二兩炒為末 白麵一斤炒 乾棗二升焙乾為末 塩四兩炒

右件一同和勻每日空心白湯點服

杏霜湯

調順肺氣利胷膈治欬嗽

粟米五升炒為麵　杏仁二升去皮尖麩炒研　鹽三兩炒

右件拌勻每日空心白湯調一錢入酥少許尤佳

山藥湯

補虛益氣溫中潤肺

山藥一斤煮熟　粟米半升炒為麵　杏仁二斤炒令過熟去皮尖切如米

右件每日空心白湯調二錢入酥油少許山藥任意

四和湯

治腹內冷痛脾胃不和

白麵一斤炒　芝蔴一斤炒　茴香二兩炒　塩一兩炒

右件並為末每日空心白湯點服

棗薑湯

和脾胃進飲食

生薑一斤切作片　棗三升去核炒　甘草二兩炒　塩二兩炒

右件為末一處拌勻每日空心白湯點服

茴香湯

治元藏虛弱臍腹冷痛

茴香一斤炒　川練子半斤　陳皮半斤去白　甘草四兩炒

塩半斤炒

右件為細末相和勻每日空心白湯點服

破氣湯

治元藏虛弱腹痛胷膈閉悶

杏仁一斤去皮尖麩炒別研　茴香四兩炒　良薑一兩

蓽澄茄二兩　陳皮二兩去白　桂花半斤　薑黃一兩

木香一兩　丁香一兩　甘草半斤　塩半斤

右件為細末空心白湯點服

白梅湯

治中熱五心煩燥霍亂嘔吐乾渴津液不通

白梅肉一斤　白檀四兩　甘草四兩　塩半斤

右件為細末每服一錢入生薑汁少許白湯調下

木瓜湯

治脚氣不仁膝勞冷痺疼痛

木瓜四箇蒸熟去皮研爛如泥 白沙蜜二斤煉淨

右件二味調和勻入淨磁器内盛之空心白湯點服

橘皮醒酲湯

治酒醉不觧嘔噫吞酸

香橙皮一斤去白 陳橘皮一斤去白 檀香四兩 葛花半斤

菉荳花半斤 人參二兩去蘆 白荳蔻仁二兩

鹽六兩炒

右件為細末每日空心白湯點服

渴忒餅兒

生津止渴治嗽

渴忒一兩二錢　新羅參一兩去蘆　菖蒲一錢各為細末

白納八三兩研係沙糖

右件將渴忒用葡萄酒化成膏和上項藥末令勻為劑印作餅每用一餅徐徐噙化

官桂渴忒餅兒

生津止寒嗽

官桂二錢為末　渴忒一兩二錢　新羅參一兩二錢去蘆為末

白納八三兩研

右件將渴忒用玫瑰水化成膏和藥末爲劑用訶子油印作餅子每用一餅徐徐噙化

荅必納餅兒

清頭目利咽膈生津止渴治嗽

荅必納二錢爲末即草龍膽 新羅參一兩二錢去蘆爲末 白納八五兩研

右件用赤赤哈納即北地酸角兒熬成膏和藥末爲劑印作餅兒每用一餅徐徐噙化

橙香餅兒

寬中順氣清利頭目

新橙皮一兩焙去白 沉香五錢 白檀五錢 縮砂五錢

白荳蔻仁五錢 蓽澄茄三錢 南鵬砂三錢別研
龍腦二錢別研 麝香二錢別研
右件爲細末甘草膏和劑印餅每用一餅徐徐噙化
牛髓膏子
補精髓壯筋骨和血氣延年益壽
黄精膏五兩 地黄膏三兩 天門冬膏一兩
牛骨頭内取油二兩
右件将黄精膏地黄膏天門冬膏與牛骨油一同不住手用銀匙攪令冷定和匀成膏每日空心温酒調一匙頭

木瓜煎

木瓜十箇，去皮穰，取汁，熬水盡　白沙糖十斤，煉淨

右件一同再熬成煎。

香圓煎

香圓二十箇，去皮，取肉　白沙糖十斤，煉淨

右件一同再熬成煎。

株子煎

株子一百箇，取淨肉　白沙糖五斤，煉淨

右件同熬成煎。

紫蘇煎

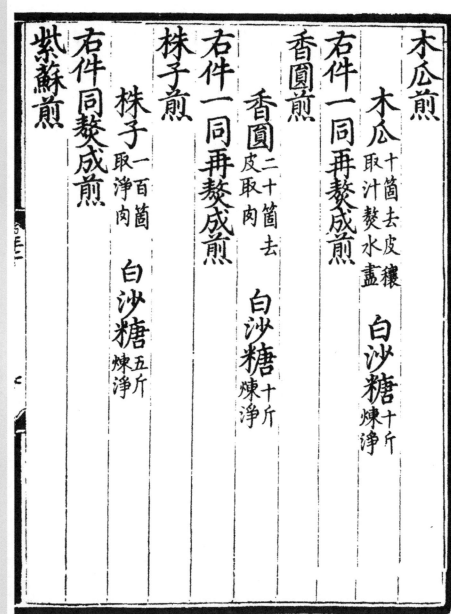

紫蘇葉五斤 乾木瓜五斤 白沙糖十斤煉淨

右件一同熬成煎

金橘煎

金橘五十箇去子取皮 白沙糖三斤

右件一同熬成煎

櫻桃煎

櫻桃五十斤取汁 白沙糖二十五斤 同熬成煎

桃煎

大桃一百箇去皮切片取汁 白沙蜜二十斤煉淨

右件一同熬成煎

石榴漿

石榴子十斤取汁　白沙糖十斤煉淨

右件一同熬成煎

小石榴煎

小石榴二斗蒸熟去子研為泥　白沙蜜十斤煉淨

右件一同熬成煎

五味子舍兒别

新北五味十斤去子水浸取汁　白沙糖八斤煉淨

右件一同熬成煎

赤赤哈納　係酸刺

赤赤哈納不以多少水浸取汁
右件用銀石器内熬成膏
松子油
松子不以多少去皮擣研爲泥
右件水絞取汁熬成取浮清油綿濾淨再熬澄清
杏子油
杏子不以多少連皮擣碎
右件水煮熬取浮油綿濾淨再熬成油
酥油
牛乳中取浮凝熬而爲酥

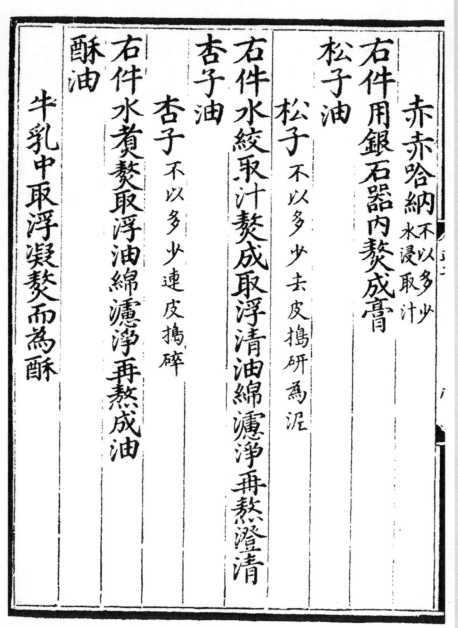

醍醐油

取上等酥油約重千斤之上者煎熬過濾淨用大磁瓮貯之冬月取瓮中心不凍者謂之醍醐

馬思哥油

取淨牛妳子不住手用阿赤（係打油木器也）打取浮凝者為馬思哥油今亦云白酥油

枸杞茶

枸杞五斗水淘洗淨去浮麥焙乾用白布筒淨去蒂萼黑色選揀紅熟者先用雀舌茶展溲碾子茶芽不用次碾枸杞為細末每日空心用

匙頭入酥油攪勻溫酒調下白湯亦可（忌與酪同食）

玉磨茶

上等紫筍五十斤篩筒淨　蘇門炒米五十斤

篩筒淨一同拌和勻入玉磨內磨之成茶

金字茶

係江南湖州造進末茶

范殿帥茶

係江浙慶元路造進茶芽味色絕勝諸茶

紫筍雀舌茶

選新嫩芽蒸過為紫筍有先春次春探春味皆

不及紫筍雀舌

女須兒出直北地面味溫甘　西番茶出本土味苦澀煎用酥油

川茶　藤茶　夸茶皆出四川　燕尾茶出江浙江西

孩兒茶出廣南　溫桑茶出黑峪

凡諸茶味甘苦微寒無毒去痰熱止渴利小便

消食下氣清神少睡

清茶

先用水滚過濾淨下茶芽少時煎成

炒茶

用鐵鍋燒赤以馬思哥油牛妳子茶芽同炒成

蘭膏

玉磨末茶三匙頭麪酥油同攪成膏沸湯點之

酥簽

金字末茶兩匙頭入酥油同攪沸湯點之

建湯

玉磨末茶一匙入碗內研匀百沸湯點之

香茶

白茶一袋　龍腦成片者三錢

百藥煎半錢　麝香二錢　同研細用香粳米

熬成粥和成劑印作餅

泉水

甘平無毒治消渴反胃熱痢今西山有玉泉水甘美味勝諸泉

井華水

甘平無毒主人九竅大驚出血以水噀面即住及洗人目瞖投酒醋中令不損敗平旦汲者是也今

内府御用之水常於鄒店取之緣自至大初

武宗皇帝幸柳林飛放請

皇太后同往觀焉由是道經鄒店因渴思茶遂

命普蘭奚國公金界奴朵兒只煎造公親詣諸井

選水惟一井水味頗清甘汲取煎茶以進
上稱其茶味特異
内府常進之茶味色兩絕乃
命國公於井所建觀音堂蓋亭井上以欄翼之刻
石紀其事自後
御用之水日必取焉所造湯茶比諸水殊勝隣左有
井皆不及也此水煎熬過澄瑩如一常較其分兩
與別水增重

神仙服食

神仙服食

鐵甕先生瓊玉膏

此膏填精補髓腸化為筋萬神具足五藏盈溢髓血滿髮白變黑返老還童行如奔馬日進數服終日不食亦不飢開通強志日誦萬言神識高邁夜無夢想人年二十七歲以前服此一料可壽三百六十歲四十五歲以前服者可壽二百四十歲六十三歲以前服者可壽一百二十歲六十四歲以上服者可壽百歲服之十劑絕其慾修陰功成地仙矣一料分五處可救五人癰疾分十處可救十

人勞瘵修合之時沐浴至心勿輕示人

新羅參二十四兩去蘆　生地黃一十六斤汁

白茯苓四十九兩去黑皮　白沙蜜一十斤煉淨

右件人參茯苓爲細末蜜用生絹濾過地黃取自然汁搗時不用銅鐵器取汁盡去滓用藥一處拌和勻入銀石器或好磁器內封用淨紙二三十重封閉入湯內以桑柴火煑三晝夜取出用蠟紙數重包瓶口入井口去火毒一伏時取出再入舊湯內煑一日出水氣取出開封取三匙作三盞祭天地百神焚香設拜至誠端心每日空心酒調一匙頭

地仙煎

治腰膝疼痛一切腹内冷病令人顏色悦澤骨髓堅固行及奔馬

山藥一斤　杏仁一升湯泡去皮尖　生牛妳子二升

右件將杏仁研細入牛妳子山藥拌絞取汁用新磁瓶密封湯煑一日每日空心酒調一匙頭

金髓煎

延年益壽填精補髓久服髮白變黑返老還童

枸杞不以多少採紅熟者

右用無灰酒浸之冬六日夏三日於沙盆内研令爛

細然後以布袋絞取汁與前浸酒一同慢火熬成膏於淨磁器內封貯重湯煑之每服一匙頭入酥油少許温酒調下

天門冬膏

去積聚風痰癲疾三蟲伏尸除瘟疫輕身益氣令人不飢延年不老

天門冬 不以多少去皮去根鬚洗淨

右件擣碎布絞取汁澄清濾過用磁器沙鍋或銀器慢火熬成膏每服一匙頭空心温酒調下

道書八帝經

欲不畏寒取天門冬茯苓為末服之每日頻服大寒時汗出單衣

抱朴子云

杜紫微服天門冬御八十妾有子一百四十人日行三百里

列仙子云

赤松子食天門冬齒落更生細髮復出

神仙傳

甘始者太原人服天門冬在人間三百年

修真秘旨

神仙服天門冬一百日後怡泰和顏羸劣者強三
百日身輕三年身走如飛

抱朴子云
楚文子服地黃八年夜視有光手上車弩

抱朴子云
南陽文氏值亂逃於壺山飢困有人教之食朮遂
不飢數年乃還鄉里顏色更少氣力轉勝

藥經云
必欲長生當服山精是蒼朮也

抱朴子云

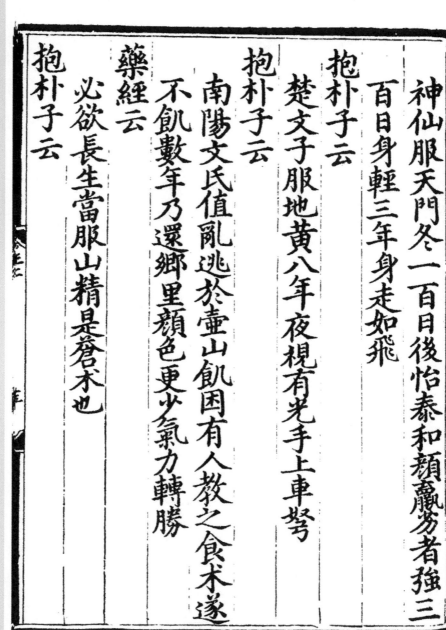

任季子服茯苓一十八年玉女從之能隱彰不食

穀面生光

孫真人枕中記

茯苓乆服百日百病除二百日夜晝二服後役使

鬼神四年後玉女来侍

抱朴子云

陵陽仲子服遠志二十年有子三十人開書所見

便記不忘

東華真人煑石經

舜常登蒼梧山曰厥金玉香草即五加也服之延

年故云寧得一把五加不用金玉滿車寧得一斤地榆安用明月寶珠昔魯定公母單服五加皮酒以致長生如張子聲楊始建王叔才于世彥等皆古人服五加皮酒而房室不絕皆壽三百歲有子三二十人世世有服五加皮酒而獲年壽者甚衆

抱朴子云

趙他子服桂二十年足下毛生日行五百里力舉千斤

列仙傳

偓佺食松子能飛行健走如奔馬

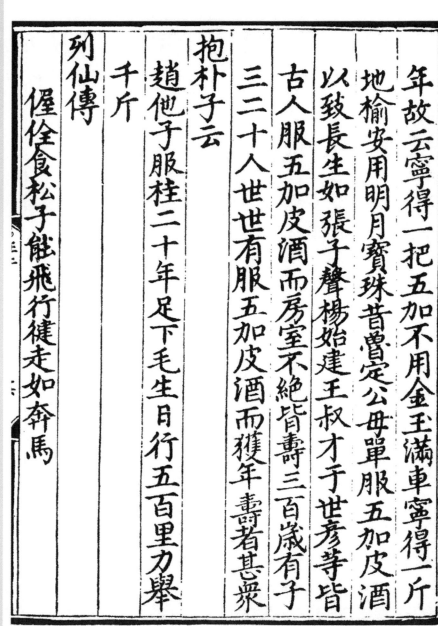

神仙傳
松子不以多少研爲膏空心温酒調下一匙頭日三服則不飢渴久服日行五百里身輕體健
神仙傳
治百節疼痛久風虛脚痺痛松節釀酒服之神驗
神仙傳
槐實於牛膽中漬浸百日陰乾每日吞一枚十日身輕二十日白髮再黑百日通神
食療云
枸杞葉能令人筋骨壯除風補益去虛勞益陽事

春夏秋採葉冬採子可久食之

太清諸本草

七月七日採蓮花七分八月八日採蓮根八分九月九日採蓮子九分陰乾食之令人不老

食療云

如腎氣虚弱取生栗子不以多少令風乾之每日空心細嚼之三五箇徐徐嚥之

神仙服黄精成地仙

昔臨川有士人虐其婢婢乃逃入山中久之見野草枝葉可愛即拔取食之甚美自是常食之久而

不飢遂輕健夜息大木下聞草動以爲虎懼而上木避之及曉下平地其身豁然凌空而去或自一峯之頂若飛鳥焉數歲其家採薪見之告其主使捕之不得一日遇絶壁下以網三面圍之俄而騰上山頂其主異之或曰此婢安有仙風道骨不過靈藥服食遂以酒饌五味香美置往來之路觀其食否果來食之遂不能遠去擒之問以述其故所指食之草即黄精也謹按黄精寛中益氣補五藏調良肌肉充實骨體堅強筋骨延年不老顔色鮮明髪白再黒齒落更生

神枕法

漢武帝東巡泰山下見老翁鋤於道背上有白光高數尺帝怪而問之有道術否老翁對曰臣昔年八十五時衰老垂死頭白齒落有道士者教臣服棗飲水絶穀并作神枕法中有三十二物内二十四物善以當二十四氣其八物毒以應八風臣行轉少黑髮更生墮齒復出日行三百里臣今年一百八十矣不能棄世入山顧戀子孫復還食穀又已二十餘年猶得神枕之力往不復老武帝視老翁顔壯當如五十許人驗問其隣人皆云信然帝

乃從授其方作枕而不能隨其絶穀飲水也

神枕方

用五月五日七月七日取山林柏以爲枕長一尺二寸高四寸空中容一斗二升以柏心赤者爲蓋厚二分蓋致之令密又使可開閉也又鑽蓋上爲三行每行四十九孔凡一百四十七孔令容粟大

用下項藥

芎藭　當歸　白芷　辛夷

杜衡　白朮　藁本　木蘭

蜀椒　桂　乾薑　防風

人參　桔梗　白薇　荆實
肉蓯蓉　飛廉　柏實　薏苡仁
欵冬花　白衡　秦椒　蘪蕪
凡二十四物以應二十四氣
烏頭　附子　藜蘆　皁角
䕡草　凡石　半夏　細辛
八物毒者以應八風
右三十二物各一兩皆㕮咀以毒藥上安之滿枕中用囊以衣枕百日面有光澤一年體中諸疾一一皆愈而身盡香四年白髮變黑齒落重生耳目聰明神

方驗秘不傳非人也武帝以問東方朔荅云昔女廉以此傳玉青玉青以傳廣成子廣成子以傳黄帝近者穀城道士淳于公枕此藥枕百餘歲而頭髪不白夫病之來皆從陽脉起令枕藥枕風邪不得侵人矣又雖以布囊衣枕猶當復以幃囊重包之須欲卧時乃脱去之耳詔賜老翁疋帛老翁不受曰臣之於君猶子之於父也子知道以上之於父義不受賞又臣非賣道者以陛下好善故進此耳帝止而更賜諸藥

神仙服食

菖蒲尋九節者窨乾百日爲末日三服久服聰明

耳目延年益壽

神仙服食

胡麻食之能除一切痼疾久服長生肥健人延年不老

抱朴子

服五味十六年面色如玉入火不灼入水不濡

抱朴子云

韓聚服菖蒲十三年身上生毛日誦萬言冬袒不寒須得石上生者一寸九節紫花尤善

食醫心鏡

藕實味甘平無毒補中養氣清神除百病久服令
人止渴悅澤
日華子云
蓮子幷石蓮去心久食令人心喜益氣止渴治腰
痛泄精瀉痢
日華子云
蓮花蘂久服鎮心益色駐顏輕身
日華子云
何首烏味甘無毒久服壯筋骨益精髓黑髭鬓令
人有子

春宜食麥

四時所宜

春三月此謂發陳天地俱生萬物以榮夜卧早起廣步於庭被髮緩形以使志生生而勿殺予而勿奪賞而勿罰此春氣之應養生之道也逆之則傷肝夏為寒變奉長者少

春氣温宜食麥以涼之不可一於温也禁温飲食及熱衣服

夏宜食录荳

夏三月此謂蕃秀天地氣交萬物華實夜卧早起無
厭於日使志無怒使華英成秀使氣得泄若所愛在
外此夏氣之應養長之道也逆之則傷心秋爲痎瘧
奉收者少冬至重病
夏氣熱宜食菽以寒之不可一於熱也禁溫飲食飽
食濕地濡衣服

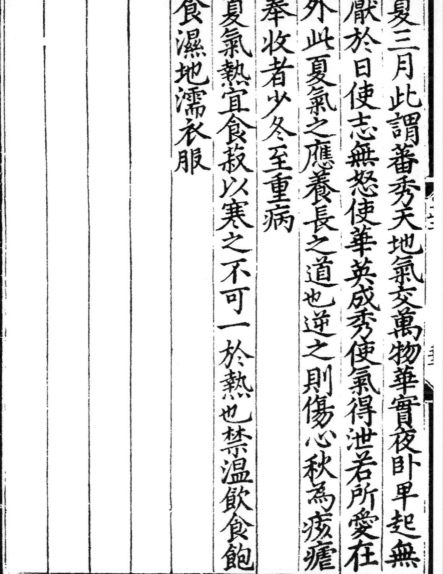

秋宜食麻

秋三月此謂容平天氣以急地氣以明早卧早起與雞俱興使志安寧以緩秋形收斂神氣使秋氣平無外其志使肺氣清此秋氣之應養收之道也逆之則傷肺冬為飧泄奉藏者少

秋氣燥宜食麻以潤其燥禁寒飲食寒衣服

冬宜食黍

冬三月此謂閉藏水氷地坼無擾乎陽早卧晚起必待日光使志若伏若匿若有私意若已有得去寒就温無泄皮膚使氣亟奪此冬氣之應養藏之道也逆之則傷腎春為痿厥奉生者少

冬氣寒宜食黍以熱性治其寒禁熱飲食温炙衣服

五味偏走

五味偏走

酸澀以收多食則膀胱不利爲癃閉
苦燥以堅多食則三焦閉塞爲嘔吐
辛味薰蒸多食則上走於肺榮衛不時而心洞
鹹味湧泄多食則外注於脉胃竭咽燥而病渴
甘味弱劣多食則胃柔緩而蟲過故中滿而心悶
辛走氣氣病勿多食辛
鹹走血血病勿多食鹹
苦走骨骨病勿多食苦
甘走肉肉病勿多食甘

酸走筋筋病勿多食酸

肝病禁食辛宜食粳米牛肉葵棗之類

心病禁食鹹宜食小荳犬肉李韭之類

脾病禁食酸宜食大荳豕肉栗藿之類

肺病禁食苦宜食小麥羊肉杏薤之類

腎病禁食甘宜食黄黍雞肉桃葱之類

多食酸肝氣以津脾氣乃絶則肉胝䐢而唇揭

多食鹹骨氣勞短肥氣折則脉凝泣而變色

多食甘心氣喘滿色黒腎氣不平則骨痛而髮落

多食苦脾氣不濡胃氣乃厚則皮槁而毛拔

多食辛筋脉沮弛精神乃央則筋急而爪枯
五穀為食。五菓為助。五肉為益。五菜為充
氣味合和而食之則補精益氣
雖然五味調和食飲口嗜皆不可多也多者生疾少
者為益百味珎饌日有慎節是為上矣

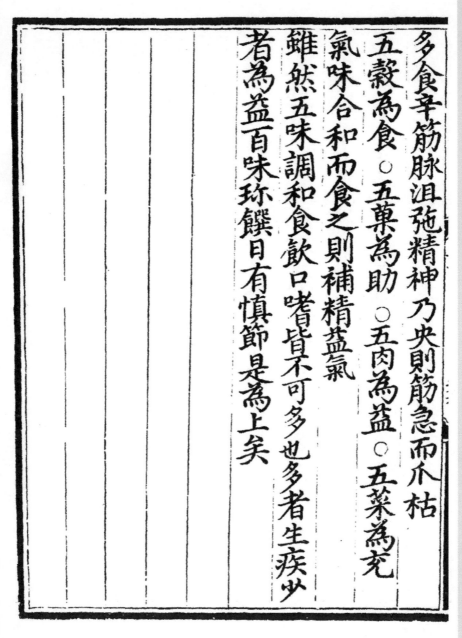

食療諸病

食療諸病

生地黃雞

治腰背疼痛骨髓虛損不能久立身重氣乏盜汗少食時復吐利

生地黃半斤 飴糖五兩 烏雞一枚

右三味先將雞去毛腸肚淨細切地黃與糖相和勻內雞腹中以銅器中放之復置甑中蒸炊飯熟成取食之不用鹽醋唯食肉盡却飲汁

羊蜜膏

治虛勞腰痛欬嗽肺痿骨蒸

熟羊脂五兩　熟羊髓五兩　白沙蜜五兩煉淨
生姜汁一合　生黃地汁五合
右五味先以羊脂煎令沸次下羊髓又令沸次下蜜地黃生薑汁不住手攪微火熬數沸成膏每日空心溫酒調一匙頭或作羹湯或作粥食之亦可

羊藏羹
治腎虛勞損骨髓傷敗
羊肝肚腎心肺各一具湯洗淨　牛酥一兩
胡椒一兩　蓽撥一兩　豉一合　陳皮二錢去白
良薑二錢　草菓兩箇　葱五莖

右件先將羊肝等慢火煑令熟將汁濾淨和羊肝等

并藥一同入羊肚内縫合口令絹袋盛之再煑熟入

五味旋旋任意食之

羊骨粥

治虛勞腰膝無力

羊骨一付全者槌碎 陳皮二錢去白 良薑二錢

草菓二箇 生薑一兩 塩少許

右水三斗慢火熬成汁濾出澄清如常作粥或作羹

湯亦可

羊脊骨羹

治下元久虛腰腎傷敗
羊脊骨一具全者搥碎　肉蓯容一兩洗切作片
草果三箇　蓽撥二錢
右件水熬成汁濾去滓入葱白五味作麵羹食之
白羊腎羹
治虛勞陽道衰敗腰膝無力
白羊腎二具切作片　肉蓯蓉一兩酒浸切
羊脂四兩切作片　胡椒二錢　陳皮一錢去白　蓽撥二錢
草果二錢
右件相和入葱白鹽醬煮作湯入麵餺子如常作羹

食之

猪腎粥

治腎虛勞損腰膝無力疼痛

猪腎一對去脂膜切 粳米三合 草果二錢

陳皮一錢去白 縮砂二錢

右件先將猪腎陳皮等煮成汁濾去滓入酒少許次下米成粥空心食之

枸杞羊腎粥

治陽氣衰敗腰脚疼痛五勞七傷

枸杞葉一斤 羊腎二對細切 葱白一莖

羊肉 半斤炒

右四味拌勻入五味煮成汁下米熬成粥空腹食之

鹿腎羹

治腎虛耳聾

鹿腎 一對去脂膜切

右件於豆豉中入粳米三合煮粥或作羹入五味空心食之

羊肉羹

治腎虛衰弱腰脚無力

羊肉 半斤細切 蘿蔔 一箇切作片 草果 一錢

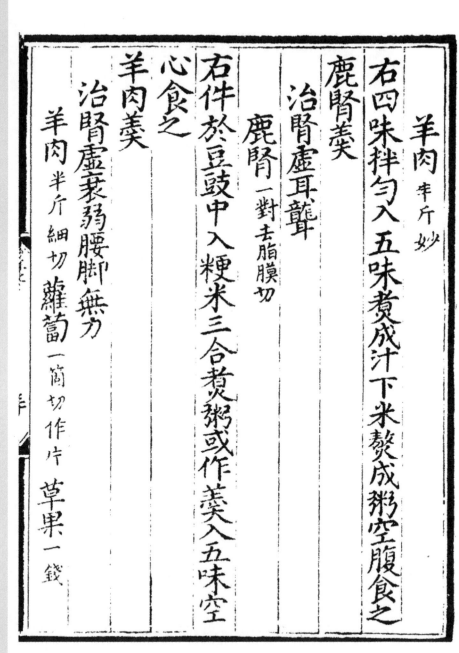

陳皮一錢去白 良薑一錢 蓽撥一錢 胡椒一錢
葱白三莖
右件水熬成汁入鹽醬熬湯下麵餅子作羹食之將
湯澄清作粥食之亦可
麂蹄湯
治諸風虛腰脚疼痛不能踐地
麂蹄四隻 陳皮二錢 草果二錢
右件煮令爛熟取肉入五味空腹食之
麂角酒
治卒患腰痛暫轉不得

鹿角新者長二三寸燒令赤

右件內酒中浸二宿空心飲之立效

黑牛髓煎

治腎虛弱骨傷敗瘦弱無力

黑牛髓半斤　生地黃汁半斤　白沙蜜半斤煉去蠟

右三味和勻煎成膏空心酒調服之

狐肉湯

治虛弱五藏邪氣

狐肉五斤湯洗淨　草果五箇　縮砂二錢　葱一握

陳皮一錢去白　良薑二錢　哈昔泥一錢即阿魏

右件水一斗煮熟去草菓等次下胡椒二錢薑黃一錢醋五味調和勻空心食之

烏鷄湯

治虛弱勞傷心腹邪氣

烏雄鷄一隻撏洗淨切作塊子 陳皮一錢去白 良薑一錢 胡椒二錢 草菓二箇

右件以葱醋醬相和入瓶內封口令煮熟空腹食

醍醐酒

治虛弱去風濕

醍醐一盞

右件以酒一盃和勻温飲之效驗

山藥飥

治諸虛五勞七傷心腹冷痛骨髓傷敗

羊骨五七塊帶肉 蘿蔔一枚切作大片 葱白一莖

草果五箇 陳皮一錢去白 良薑一錢 胡椒二錢

硇砂二錢 山藥二斤

右件同煮取汁澄清濾去柤麵二斤山藥二斤煮熟研泥搜麵作飥入五味空腹食之

山藥粥

治虛勞骨蒸久冷

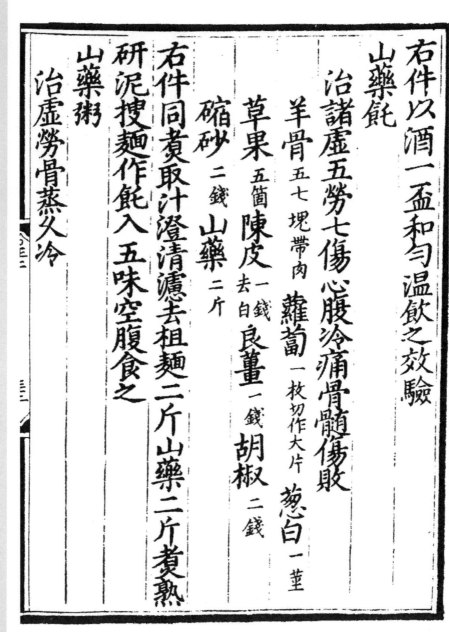

羊肉一斤去脂膜爛煮熟研泥 山藥一斤煮熟研泥

右件肉湯內下米三合煮粥空腹食之

酸棗粥

治虛勞心煩不得睡臥

酸棗仁一椀

右用水絞取汁下米三合煮粥空腹食之

生地黃粥

治虛弱骨蒸四肢無力漸漸羸瘦心煩不得睡臥

生地黃汁一合 酸棗仁水絞取汁二盞

右件水煮同熬數沸次下米三合煮粥空腹食之

椒麵羹

治脾胃虛弱久患冷氣心腹結痛嘔吐不能下食

川椒三錢炒為末　白麵四兩

右件同和勻入塩少許於豆豉作麵條煮羹食之

蓽撥粥

治脾胃虛弱心腹冷氣㽲痛妨悶不能食

蓽撥一兩　胡椒一兩　桂五錢

右三味為末每用三錢水三大碗入豉半合同煮令熟去滓下米三合作粥空腹食之

良薑粥

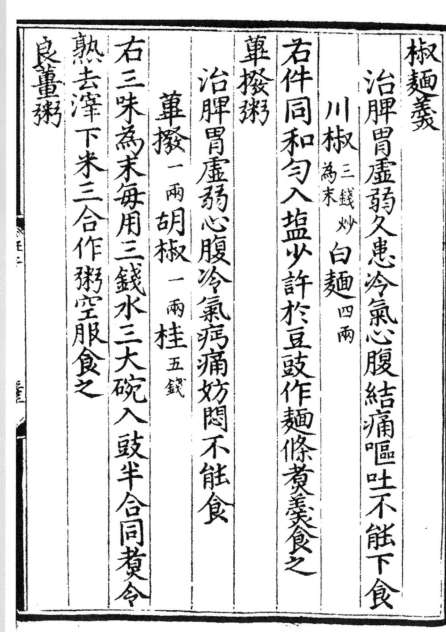

治心腹冷痛積聚停飲

高良薑半兩為末　粳米三合

右件水三大椀煎高良薑至二椀去滓下米煑粥食之效驗

吳茱萸粥

治心腹冷氣衝脇肋痛

吳茱萸半兩水洗去涎焙乾炒為末

右件以米三合一同作粥空腹食之

牛肉脯

治脾胃久冷不思飲食

牛肉五斤去脂膜切作大片　胡椒五錢　蓽撥五錢

陳皮二錢去白　草果二錢　縮砂二錢　良薑二錢

右件為細末生薑汁五合葱汁一合塩四兩同肉拌勻淹二日取出焙乾作脯任意食之

蓮子粥

治心志不寧補中強志聰明耳目

蓮子一升去心

右件煮熟研如泥與粳米三合作粥空腹食之

雞頭粥

治精氣不足強志明耳目

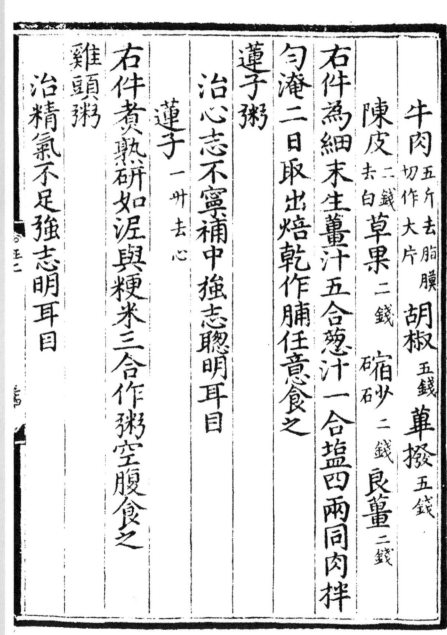

鷄頭實三合

右件煑熟研如泥與粳米一合煑粥食之

鷄頭羹粉

治濕痺腰膝痛除暴疾益精氣強心志耳目聰明

鷄頭磨成粉 羊脊骨一付帶肉熬取汁

右件用生薑汁一合入五味調和空心食之

桃仁粥

治心腹痛上氣咳嗽胷膈妨滿喘急

桃仁三兩湯煑熟去尖皮研

右件取汁和粳米同煑粥空腹食之

生地黃粥

治虛勞瘦弱骨蒸寒熱往來咳嗽唾血

生地黃汁二合

右件煑白粥臨熟時入地黃汁攪匀空腹食之

鯽魚羹

治脾胃虛弱泄痢久不瘥者食之立效

大鯽魚二斤　大蒜兩塊　胡椒二錢　小椒二錢

陳皮二錢　縮砂二錢　蓽撥二錢

右件葱醬塩料物蒜入魚肚内煎熟作羹五味調和

令匀空心食之

炒黃麵

治泄痢腸胃不固

白麵一斤炒令焦黃

右件每日空心温水調一匙頭

乳餅麵

治脾胃虛弱赤白泄痢

乳餅一箇切作豆子樣

右件用麵拌煑熟空腹食之

炙黃鷄

治脾胃虛弱下痢

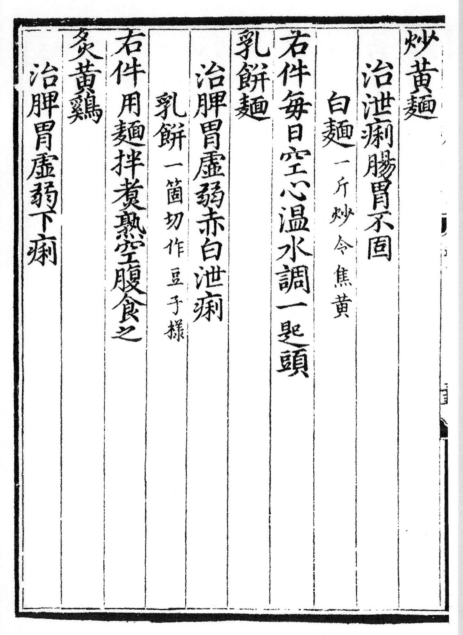

黃雌雞（隻撏淨）

右以鹽醬醋茴香小椒末同拌勻刷雞上令炭火炙乾焦空腹食之

牛妳子煎蓽撥法

貞觀中太宗苦於痢疾衆醫不効問左右能治愈者當重賞時有術士進此方用牛妳子煎蓽撥服之立瘥

猯肉羹

治水腫浮氣腹脹小便澀少

猯肉（一斤細切）葱（一握）草果（三箇）

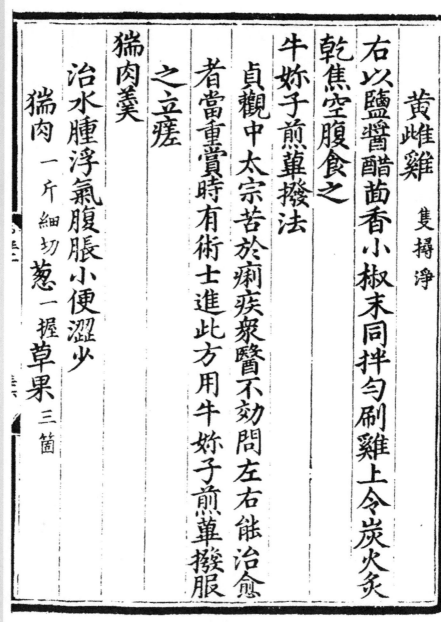

右件用小椒豆豉同煑爛熟入粳米一合作羹五味
調勻空腹食之

黄鴠鷄

治腹中水癖水腫

黄鴠鷄一隻撏淨 草果二錢 赤小豆一升

右件同煑熟空心食之

青鴨羹

治十腫水病不瘥

青頭鴨一隻退淨 草果五箇

右件用赤小豆半升入鴨腹内煑熟五味調空心食

蘿蔔粥

治消渴舌焦口乾小便數

大蘿蔔五箇煑熟絞取汁

右件用粳米三合同水并汁煑粥食之

野鷄羹

治消渴口乾小便頻數

野雞一隻撏淨

右入五味如常法作羹臛食之

鵓鴿羹

治消渴飲水無度

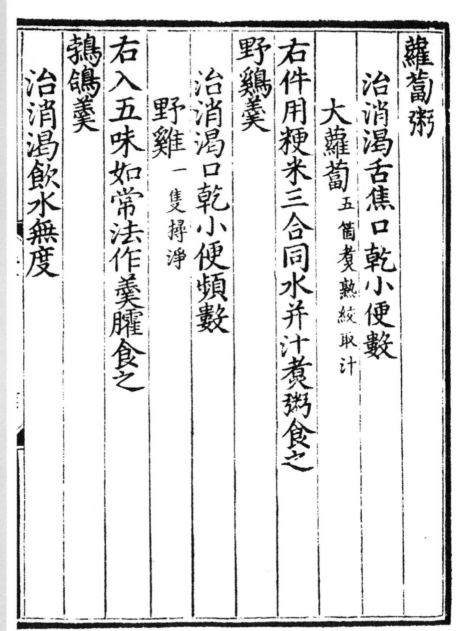

白鵓鴿一隻切作大片

右件用土蘇一同煮熟空腹食之

雞子黃

治小便不通

雞子黃一枚生用

右件服之不過三服熟亦可食

葵菜羹

治小便癃閉不通

葵菜葉不以多少洗擇淨

右煮作羹入五味空腹食之

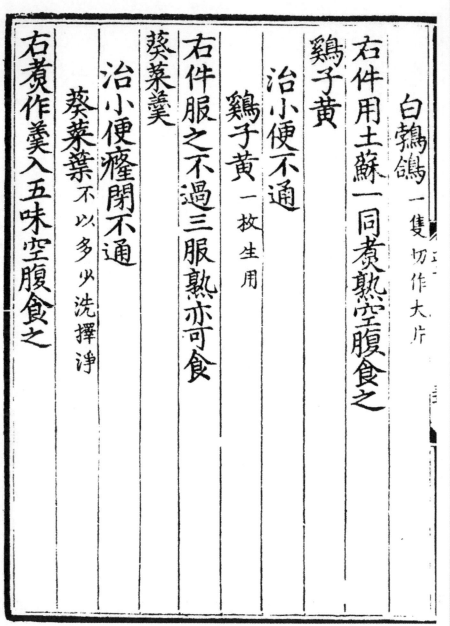

鯉魚湯

治消渴水腫黃疸脚氣

大鯉魚一頭 赤小豆一合 陳皮二錢去白

小椒二錢 草果二錢

右件入五味調和勻煑熟空腹食之

馬齒菜粥

治脚氣頭面水腫心腹脹滿小便淋澀

馬齒菜洗淨取汁

右件和粳米同煑粥空腹食之

小麥粥

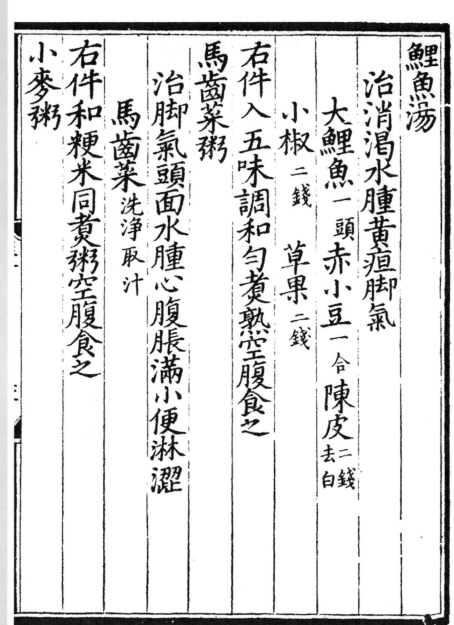

治消渴口乾

小麥淘淨不以多少

右以煮粥或炊作飯空腹食之

驢頭羹

治中風頭眩手足無力筋骨煩痛言語蹇澀

烏驢頭一枚燖洗淨 胡椒二錢 草果二錢

右件煮令爛熟入豆豉汁中五味調和空腹食之

驢肉湯

治風狂憂愁不樂安心氣

烏驢肉不以多少切

右件於豆豉中爛煮熟入五味空心食之

狐肉羹

治驚風癲癇神情恍惚言語錯謬歌笑無度

狐肉不以多少及五藏

右件如常法入五味煮令爛熟空心食之

熊肉羹

治諸風脚氣痺痛不仁五緩筋急

熊肉一斤

右件於豆豉中入五味葱醬煮熟空腹食之

烏鷄酒

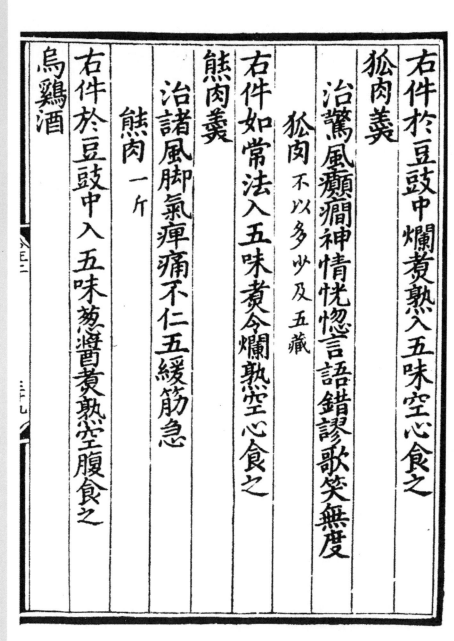

治中風背強舌直不得語目睛不轉煩熱

烏雌雞（一隻撏洗淨去腸肚）

右件以酒五升煮取酒二升去滓分作三服相繼服之汁盡無時熬葱白生薑粥投之蓋覆取汁

羊肚羹

治諸中風

羊肚（一枚洗淨） 粳米（二合） 葱白（數莖） 豉（半合）

蜀椒（去目閉口者炒出汗三十粒） 生薑（二錢半細切）

右六味拌勻入羊肚內爛煮熟五味調和空心食之

葛粉羹

治中風心脾風熱言語謇澀精神昏憒手足不遂
葛粉半斤擣取粉四兩 荆芥穗一兩 豉三合
右三味先以水煑荆芥豉六七沸去滓取汁次將葛粉作索麵於汁中煑熟空腹食之

荆芥粥

治中風言語謇澀精神昏憒口面喎斜
荆芥穗一兩 薄荷葉一兩 豉三合 白粟米三合
右件以水四升煑取三升去滓下米煑粥空腹食之

麻子粥

治中風五藏風熱語言謇澀手足不遂大腸滯澀

冬麻子（二兩炒去皮研） 白粟米（三合） 薄荷葉（一兩）

荆芥穗（一兩）

右件水三升煮薄荷荆芥去滓取汁入麻子仁同煮粥空腹食之

惡實菜（即牛旁子又名鼠粘子）

治中風燥熱口乾手足不遂及皮膚熱瘡

惡實菜葉（嫩肥者） 酥油

右件以湯煮惡實葉三五升取出以新水淘過布絞取汁入五味酥點食之

烏驢皮湯

治中風手足不遂骨節煩疼心燥口眼面目喎斜

烏驢皮一張撏洗淨

右件蒸熟細切如條於豉汁中入五味調和勻煮過空心食之

羊頭膾

治中風頭眩羸瘦手足無力

白羊頭一枚撏洗淨

右件蒸令爛熟細切以五味汁調和膾空腹食之

野猪臛

治久痔野鷄病下血不止肛門腫滿

野猪肉二斤細切

右件煮令爛熟入五味空心食之

獺肝羹

治久痔下血不止

獺肝一付

右件煮熟入五味空腹食之

鯽魚羹

治久痔腸風大便常有血

大鯽魚一頭新鮮者洗淨切作片 小椒二錢為末 草果一錢為末

右件用葱三莖煮熟入五味空腹食之

服藥食忌

服藥食忌

但服藥不可多食生芫荽及蒜雜生菜諸滑物肥猪肉犬肉油膩物魚膾腥膻等物及忌見喪尸產婦淹穢之事又不可食陳臭之物

有朮勿食桃李雀肉胡荽蒜青魚等物

有藜蘆勿食猩肉

有巴豆勿食蘆笋及野猪肉

有黃連桔梗勿食猪肉

有地黃勿食蕪荑

有半夏菖蒲勿食飴糖及羊肉

有細辛勿食生菜

有甘草勿食菘菜海藻

有牡丹勿食生胡荽

有商陸勿食犬肉

有常山勿食生葱生菜

有空青朱砂勿食血 凡服藥通忌食血

有茯苓勿食醋

有鼈甲勿食莧菜

有天門冬勿食鯉魚

凡久服藥通忌

未不服藥又忌滿日
正五九月忌巳日
二六十月忌寅日
三七十一月忌亥日
四八十二月忌申日

飲膳正要
食物利害

食物利害

盖食物有利害者可知而避之

麵有䴸氣不可食　生料色臭不可用

漿老而飯溲不可食　煑肉不變色不可食

諸肉非宰殺者勿食　諸肉臭敗者不可食

諸腦不可食　凡祭肉自動者不可食

猪羊疫死者不可食　曝肉不乾者不可食

馬肝牛肝皆不可食　兔合眼不可食

燒肉不可用桑柴火　獐鹿麋四月至七月勿食

二月内勿食兔肉　諸肉脯忌米中貯之有毒

魚餒者不可食

羊肝有孔者不可食

諸鳥自閉口者勿食

蟹八月後可食餘月勿食

蝦不可多食無鬚及腹下丹煮之白者皆不可食

臘月脯腊之屬或經雨漏所漬虫鼠嚙殘者勿食

海味糟藏之屬或經濕熱變損日月過久者勿食

六月七月勿食鴈

鯉魚頭不可食毒在腦中

諸肝青者不可食

五月勿食鹿傷神

九月勿食犬肉傷神

十月勿食熊肉傷神

不時者不可食

諸果核未成者不可食

諸果落地者不可食

諸果虫傷者不可食

桃杏雙仁者不可食　蓮子不去心食之成霍亂
甜瓜雙蒂者不可食　諸瓜沉水者不可食
蘑菰勿多食發病　榆仁不可多食令人瞑
菜着霜者不可食　櫻桃勿多食令人發風
葱不可多食令人虛　芫荽勿多食令人多忘
竹笋勿多食發病　木耳赤色者不可食
三月勿食蒜昏人目　二月勿食蓼發病
九月勿食着霜瓜　四月勿食胡荽生狐臭
十月勿食椒傷人心　五月勿食韮昏人五藏

食物相反

食物相反

蓋食不欲雜雜則或有所犯知者分而避之

馬肉不可與倉米同食

馬肉不可與蒼耳薑同食

猪肉不可與牛肉同食

羊肝不可與椒同食傷心

兎肉不可與薑同食成霍亂

羊肝不可與猪肉同食

牛肉不可與栗子同食

羊肚不可與小豆梅子同食傷人

羊肉不可與魚膾酪同食
猪肉不可與芫荽同食爛人腸
馬奶子不可與魚膾同食生癥瘕
鹿肉不可與鮠魚同食
麋鹿不可與鰕同食　麋肉脂不可與梅李同食
牛肝不可與鮎魚同食生風
牛腸不可與犬肉同食
雞肉不可與魚汁同食生癥瘕
鵪鶉肉不可與猪肉同食面生黑
鵪鶉肉不可與菌子同食發痔

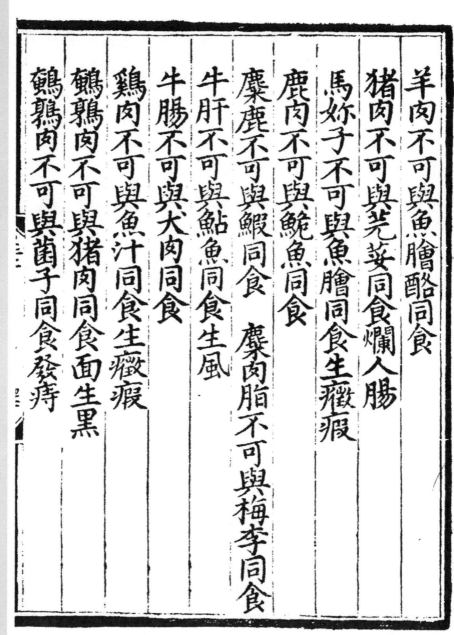

野鷄不可與蕎麵同食生虫

野鷄不可與胡桃蘑菰同食

野鷄卵不可與葱同食生虫

雀肉不可與李同食　鷄子不可與鱉肉同食

鷄子不可與生葱蒜同食損氣

鷄肉不可與兎肉同食令人泄瀉

野鷄不可與鯽魚同食

鴨肉不可與鱉肉同食

野鷄不可與猪肝同食

鯉魚不可與犬肉同食

野雞不可與鮎魚同食食之令人生癩疾
鯽魚不可與糖同食　鯽魚不可與猪肉同食
黄魚不可與蕎麵同食
蝦不可與猪肉同食損精
蝦不可與糖同食　蝦不可與鷄肉同食
大豆黄不可與猪肉同食
黍米不可與葵菜同食發病
小豆不可與鯉魚同食
楊梅不可與生葱同食
柿梨不可與蟹同食　李子不可與鷄子同食

棗不可與蜜同食　李子菱角不可與蜜同食
葵菜不可與糖同食　生葱不可與蜜同食
萵苣不可與酪同食　竹笋不可與糖同食
蓼不可與魚膾同食　莧菜不可與鱉肉同食
韭不可與酒同食　苦苣不可與蜜同食
薤不可與牛肉同食生癥瘕
芥末不可與兎肉同食生瘡

食物中毒

食物中毒

諸物品類有根性本毒者有無毒而食物成毒者有雜合相畏相惡相反成毒者人不戒慎而食之致傷腑臟和亂腸胃之氣或輕或重各隨其毒而爲害隨毒而解之

如飲食後不知記何物毒心煩滿悶者急煎苦參汁飲令吐出或煮犀角汁飲之或苦酒好酒煮飲皆良

食菜物中毒取鷄糞燒灰水調服之或甘草汁或煮葛根汁飲之胡粉水調服亦可

食瓜過多腹脹食鹽即消

食蘑菰菌子毒地漿解之

食菱角過多腹脹滿悶可暖酒和薑飲之即消

食野山芋毒土漿解之

食豬中毒煮黍穰汁飲之即解

食諸雜肉毒及馬肝漏脯中毒者燒猪骨灰調服

或芫荽汁飲之或生韭汁亦可

食牛羊肉中毒煎甘草汁飲之

食馬肉中毒嚼杏仁即消或蘆根汁及好酒皆可

食犬肉不消成䐜脹口乾杏仁去皮尖水煮飲之

食魚膾過多成蟲瘕大黃汁陳皮末同塩湯服之
食蟹中毒飲紫蘇汁或冬瓜汁或生藕汁解之乾
蒜汁蘆根汁亦可
食魚中毒陳皮汁蘆根及大黃大豆朴消汁皆可
食鴨子中毒煮秫米汁解之
食鷄子中毒可飲醇酒醋解之
飲酒大醉不解大豆汁葛花椹子柑子皮汁皆可
食牛肉中毒猪脂煉油一兩每服一匙頭溫水調
下即解
食猪肉中毒飲大黃汁或杏仁汁朴消汁皆可解

禽獸變異

禽獸變異

禽獸形類依本體生者猶分其性質有毒無毒者況異像變生豈無毒乎倘不慎口致生疾病是不察矣

獸岐尾　馬蹄夜目　羊心有孔　肝有青黑

鹿豹文　羊肝有孔　黑雞白首　白馬青蹄

羊獨角　白羊黑頭　黑羊白頭　白鳥黃首

羊六角　白馬黑頭　雞有四距　曝肉不燥

馬生角　牛肝葉孤　蟹有獨螯　魚有眼睫

蝦無鬚　肉入水動　肉經宿暖　魚無腸膽腮

肉落地不沾土　魚目開合及腹下丹

飲膳正要卷第二

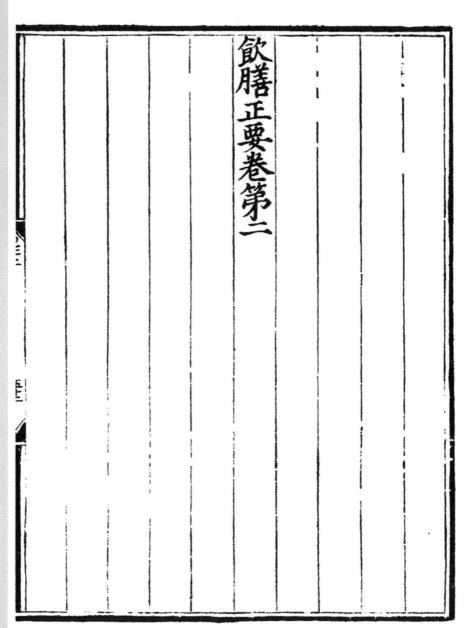

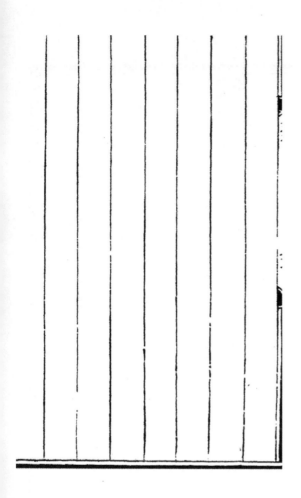

飲膳正要卷第三

米穀品

稻米

稻米味甘苦平無毒主溫中令人多熱大便堅不可多食即糯米也蘇門者為上釀酒者多用

粳米味甘苦平無毒主益氣止煩止洩和胃氣長肌

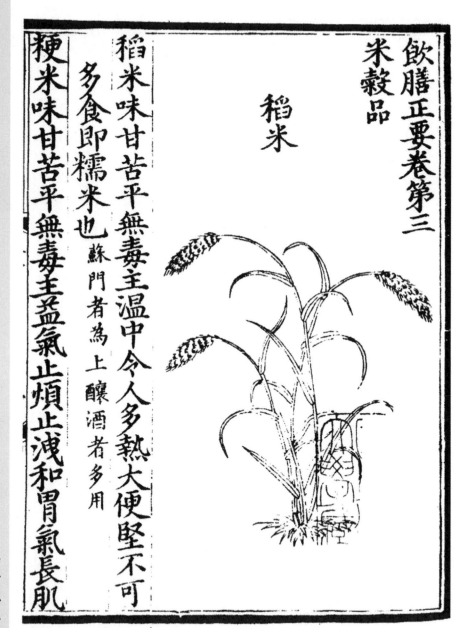

肉即令有數種香粳米匾子米雪裹白香子米香味尤勝諸粳
米擣碎取其圓淨者為圓米亦作渴米

粟米

粟米味鹹微寒無毒主養腎氣去脾胃中熱益氣陳
者良治胃中熱消渴利小便止痢唐本注云粟類
多種顆粒細如粱米擣細取勻淨者為淅米

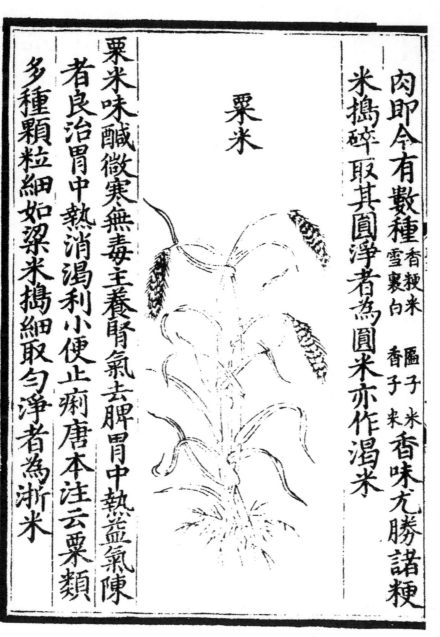

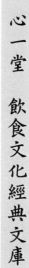

粱米

青粱米味甘微寒無毒主胃痺中熱消渴止泄痢益氣補中輕身延年

白粱米味甘微寒無毒主除熱益氣

黃粱米味甘平無毒主益氣和中止泄唐本注云穗大毛長穀米俱麤於白粱

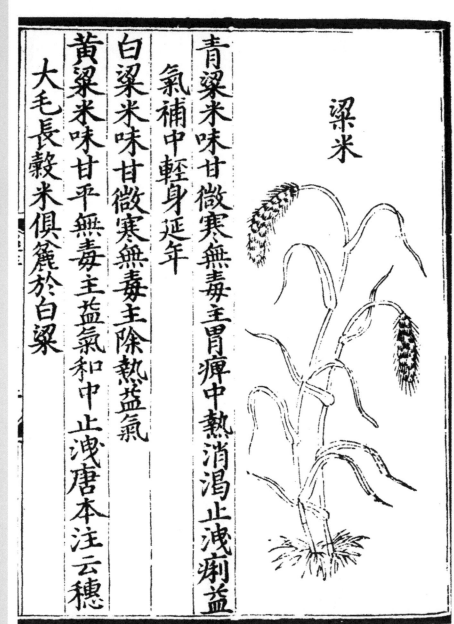

粱米

粱米味甘平無毒主益氣補中多熱令人煩久食昏人五藏令人好睡肺病宜食

丹粱米味苦微溫無毒主欬逆霍亂止煩渴除熱

稷米味甘無毒主益氣補不足關西謂之糜子米亦謂穄米古者取其香可愛故以供祭祀

河西米味甘無毒補中益氣顆粒硬於諸米出本地

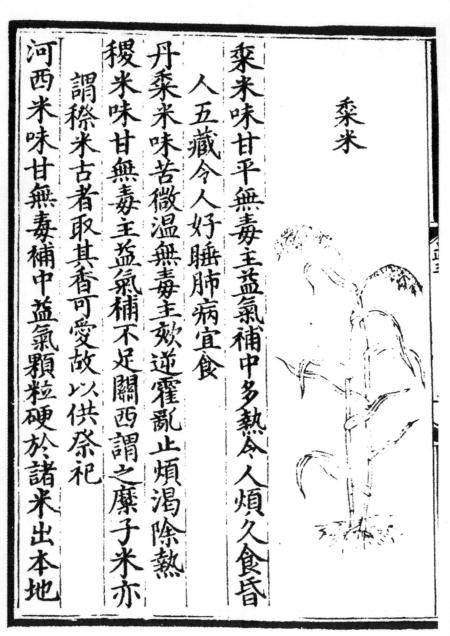

菉荳

菉荳味甘寒無毒主丹毒風瘮煩熱和五藏行經脉

白豆味甘平無毒調中暖腸胃助經脉腎病宜食

大豆味甘平無毒殺鬼氣止痛逐水除胃中熱下瘀血解諸藥毒作豆腐即寒而動氣

赤小豆味甘酸平無毒主下水排膿血去熱腫止瀉痢通小便解小麥毒

回回豆子

回回豆子味甘無毒主消渴勿與鹽煮食之出在回回地面苗似豆今田野中處處有之

青小豆味甘寒無毒主熱中消渴止下痢去腹脹產婦無乳汁爛煮三五升食之即乳多

豌豆味甘平無毒調順榮衛和中益氣

匾豆味甘微溫主和中葉主霍亂吐下不止

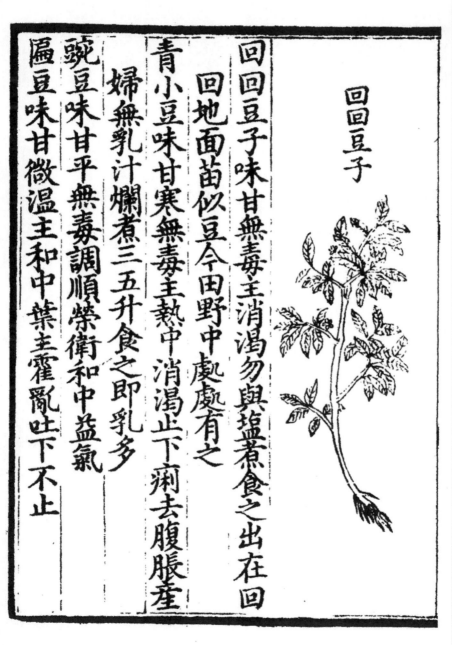

小麥

小麥味甘微寒無毒主除熱止煩燥消渴咽乾利小便養肝氣止痛唾血

大麥味鹹温微寒無毒主消渴除熱益氣調中令人多熱為五穀長藥性論云能消化宿食破冷氣

蕎麥味甘平寒無毒實腸胃益氣力久食動風風氣令人頭眩和猪肉食之患熱風脫人鬚眉

芝麻

白芝麻味甘大寒無毒治虛勞滑腸胃行風氣通血脉去頭風潤肌膚食後生噉一合與乳母食之令子不生病

胡麻味甘微寒除一切痼疾久服長肌肉健人油利大便治胞衣不下脩真秘旨云神仙服胡麻法久服面光澤不飢三年水火不能害行及奔馬

餳味甘微温無毒補虛乏止渴去血建脾治嗽小兒誤吞錢取一斤漸漸盡食之即出

蜜味甘平微温無毒主心腹邪氣諸驚癇補五藏不足氣益中止痛解毒明耳目和百藥除衆病

麴味甘大暖療藏府中風氣調中益氣開胃消食補虛冷陳久者良

醋味酸温無毒消癰腫散水氣殺邪毒破血運除癥塊堅積醋有數種（酒醋 桃醋 麥醋 葡萄醋 棗醋 米醋爲上入藥用）

醬味醎酸冷無毒除熱止煩殺百藥熱湯火毒殺一切魚肉菜蔬毒豆醬主治勝麵醬陳久者尤良

豉味苦寒無毒主傷寒頭痛煩燥滿悶

塩味醎温無毒主殺鬼蠱邪疰毒傷寒吐胷中痰癖

止心腹卒痛多食傷肺令人咳嗽失顏色

酒味苦甘辣大熱有毒主行藥勢殺百邪通血脉厚

腸胃潤皮膚消憂愁多飲損壽傷神易人本性酒

有數般唯醖釀以隨其性

虎骨酒以酥炙虎骨擣碎釀酒治骨節疼痛風

疰冷痺痛

枸杞酒以甘州枸杞依法釀酒補虛弱長肌肉

益精氣去冷風壯陽道

地黃酒以地黃絞汁釀酒治虛弱壯筋骨通血
脉治腹内痛
松節酒仙方以五月五日採松節剉碎煮水釀
酒治冷風虛骨弱脚不能履地
茯苓酒仙方依法茯苓釀酒治虛勞壯筋骨延
年益壽
松根酒以松樹下撅坑置瓮取松根津液釀酒
治風壯筋骨
羊羔酒依法作酒大補益人
五加皮酒五加皮浸酒或依法釀酒治骨弱不

能行走久服壯筋骨延年不老
膃肭臍酒治腎虛弱壯腰膝大補益人
小黄米酒性熱不宜多飲昏人五藏煩熱多睡
葡萄酒益氣調中耐飢強志酒有數等有西番
者有哈剌火者有平陽太原者其味都不及
哈剌火者田地酒最佳
阿剌吉酒味甘辣大熱有大毒主消冷堅積去
寒氣用好酒蒸熬取露成阿剌吉
速兒麻酒又名撥糟味微甘辣主益氣止渴多
飲令人膨脹生痰

獸品

牛

牛肉味甘平無毒主消渴止啘洩安中益氣補脾胃○牛髓補中填精髓○牛酥涼益心肺止渴嗽潤毛髮除肺痿心熱吐血○牛酪味甘酸寒無毒主熱毒止消渴除胷中虛熱身面熱瘡○牛乳腐微

寒潤五藏利大小便益十二經脉微動氣

羊

羊肉味甘大熱無毒主暖中頭風大風汗出虛勞寒冷補中益氣○羊頭涼治骨蒸腦熱頭眩瘦病○羊心主治憂恚膈氣○羊肝性冷療肝氣虛熱目赤闇○羊血主治女人中風血虛產後血暈悶欲

絶者生飲一升○羊五藏補人五藏○羊腎補腎虛益精髓○羊骨熱治虛勞寒中羸瘦○羊髓味甘温主治男女傷中陰氣不足利血脉益經氣○羊腦不可多食○羊酪治消渴補虛乏

黄羊

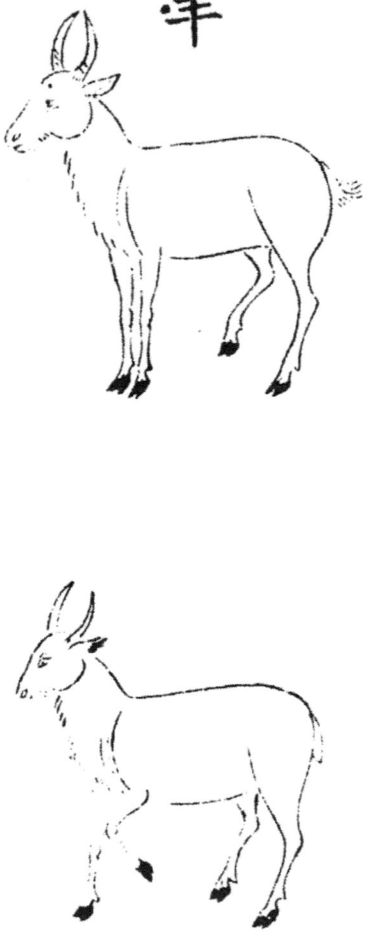

黄羊味甘温無毒補中益氣治勞傷虛寒其種類數

等成群至於千數白黃羊生於野草內黑尾黃羊生於沙漠中能走善卧行走不成群其腦不可食髓骨可食能補益人煮湯無味

山羊味甘平無毒補益人生山谷中

羖䍽

羖䍽味甘平無毒補五勞七傷溫中益氣其肉稍腥

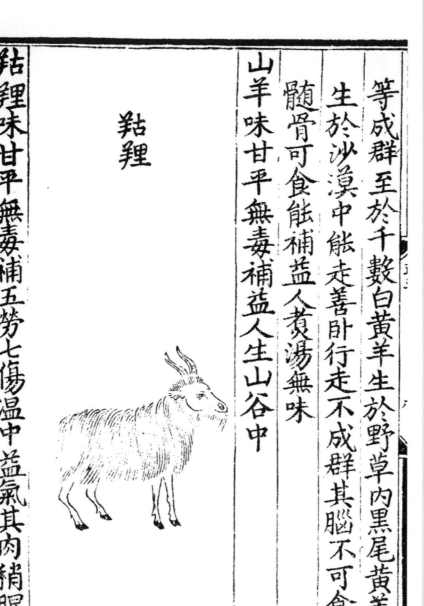

馬

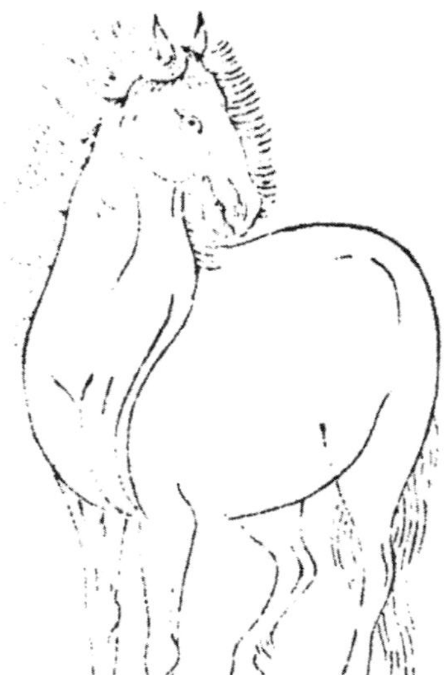

馬肉味辛苦冷有小毒主熱下氣長筋骨強腰膝壯健輕身○馬頭骨作枕令人少睡○馬肝不可食○馬蹄白者治婦人漏下白崩赤者治婦人赤崩○白馬莖味鹹甘無毒主傷中脉絶強志益氣長肌肉令人有子能壯盛陰氣○馬心主喜忘○馬

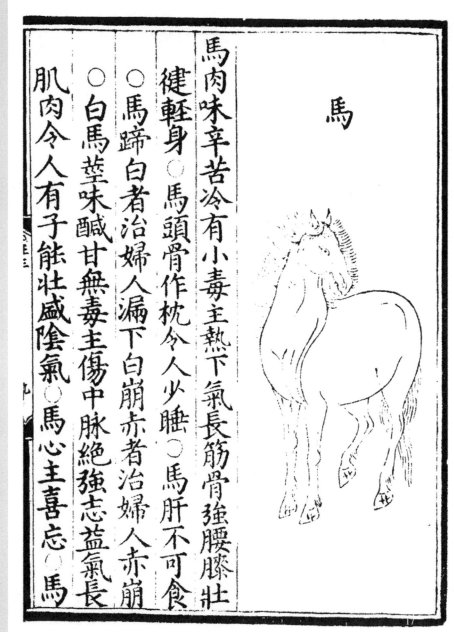

肉内有生黑墨汁者有毒不可食白馬多有之

馬乳性冷味甘止渴治熱有三等一名升堅一名晃禾兒一名窓元以升堅為上

野馬

野馬肉味甘平有毒壯筋骨與家馬肉頗相似其肉落地不沾沙然不宜多食

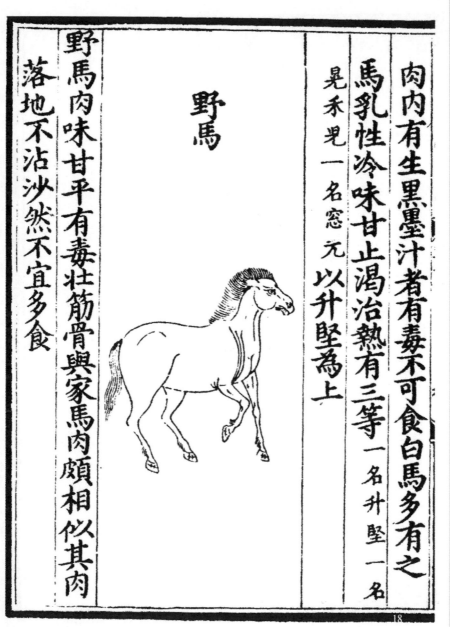

象

象肉味淡不堪食多食令人體重胷前小横骨令人能浮水身有百獸肉皆有分段惟鼻是本肉〇象牙無毒主諸鐵及雜物入肉刮取屑細研和水傅瘡上即出

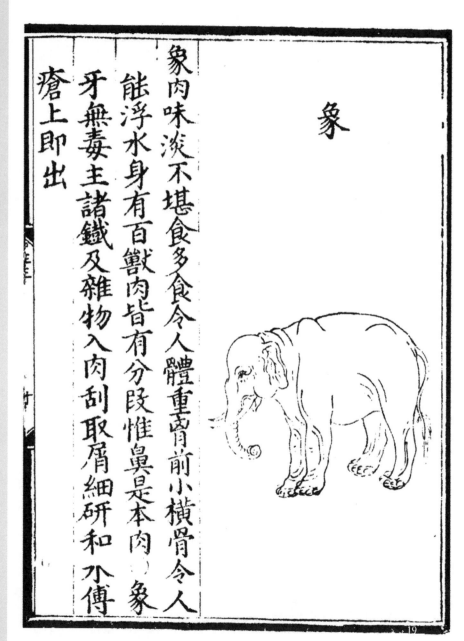

駞

駞肉治諸風下氣壯筋骨潤皮膚療一切頑麻風痺肌膚緊急惡瘡腫毒○駞脂在兩峯內有積聚者酒服之良○駞乳（係愛剌）性温味甘補中益氣壯筋骨令人不飢

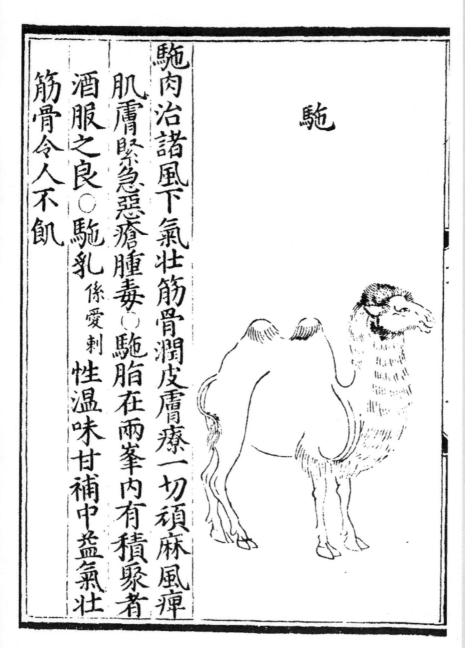

野駝

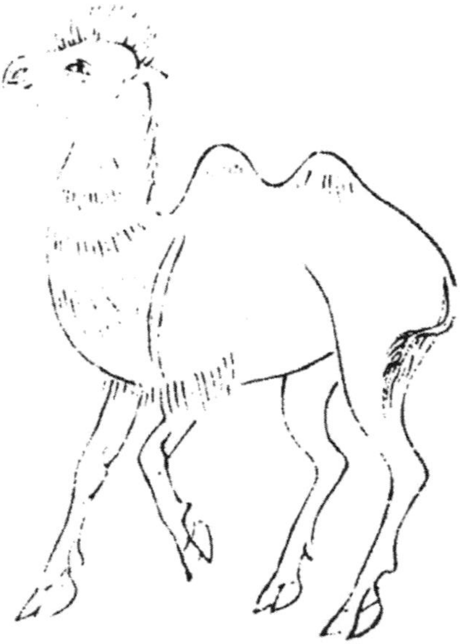

野駝味甘温平無毒治諸風下氣壯筋骨潤皮膚○駝峯治虛勞風有冷積者用葡萄酒温調峯子油服之良好酒亦可

熊

熊肉味甘無毒主風痺筋骨不仁若腹中有積聚寒熱羸瘦者不可食之終身不除○熊白凉無毒治風補虚損殺勞虫○熊掌食之可禦風寒此是八珍之數古人最重之○十月勿食之損神

驢

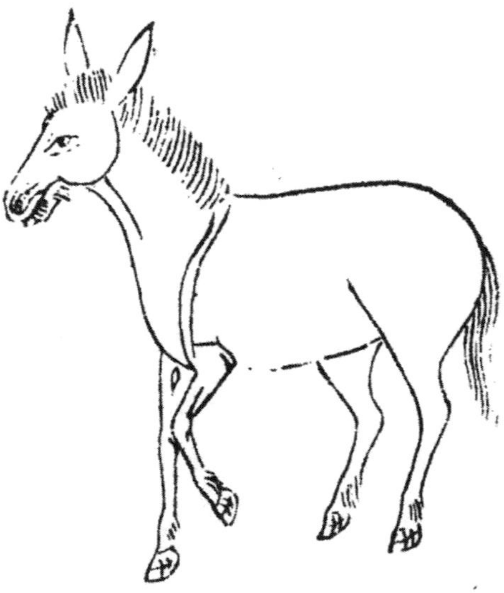

驢肉味甘寒無毒治風狂憂愁不樂安心氣解心煩

頭肉治多年消渴煮食之良烏驢者尤佳（一）脂和

烏梅作丸治久瘧

野驢性味同比家驢鬃尾長骨格大食之能治風眩

麋

麋肉味甘温無毒益氣補中治腰脚無力不可與野雞肉及蝦生菜梅李果實同食令人病○麋脂味辛温無毒主癰腫惡瘡風痺四肢拘緩通血脉潤澤皮膚○麋皮作靴能除脚氣

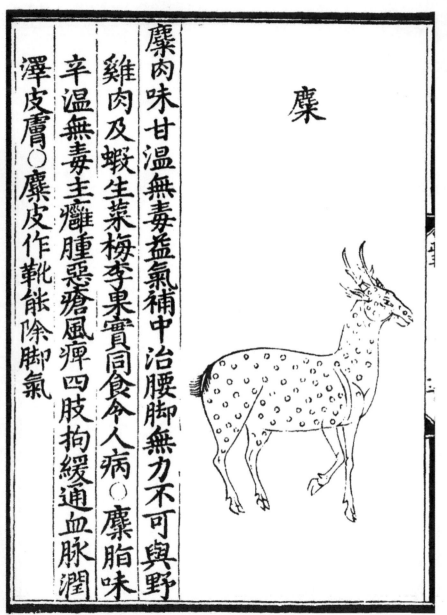

鹿

鹿肉味甘温無毒補中強五藏益氣○鹿髓甘温主男女傷中絕脉筋急欬逆以酒服之○鹿頭主消渴夜夢見物○鹿蹄主脚膝疼痛○鹿腎主温中補腎安五藏壯陽氣○鹿茸味甘微温無毒主漏下惡血寒熱驚癇益氣強志補虛羸壯筋骨○鹿

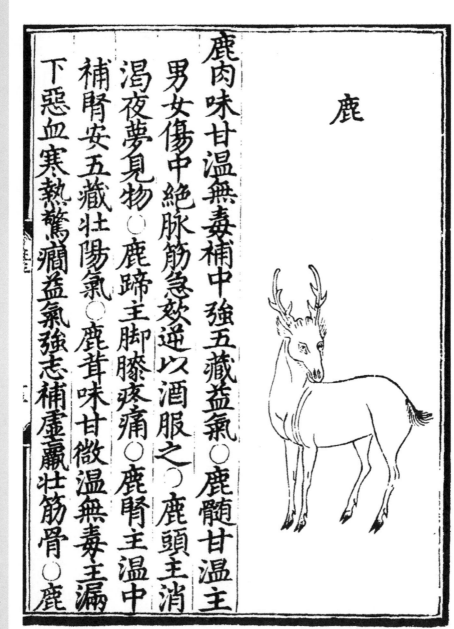

角微鹹無毒主惡瘡癰腫逐邪氣除小腹血急痛
腰脊痛及留血在陰中

麞

麞肉溫主補益五藏日華子云肉無毒八月至臘月
食之勝羊肉十二月以後至七月食之動氣道家
多食言無禁忌也

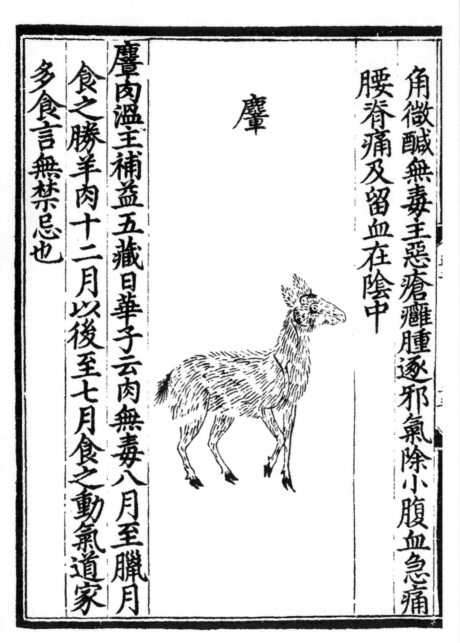

犬

犬肉味醎溫無毒安五藏補絶傷益陽道補血脉厚腸胃實下焦塡精髓黃色犬肉尤佳不與蒜同食必頓損人九月不宜食之令人損神○犬四脚蹄煮飲之下乳汁

猪

猪肉味苦無毒主閉血脉弱筋骨虛肥人不可久食動風患金瘡者尤甚○猪肚主補中益氣止渴○猪腎冷和理腎氣通利膀胱○猪四蹄小寒主傷撻諸敗瘡下乳

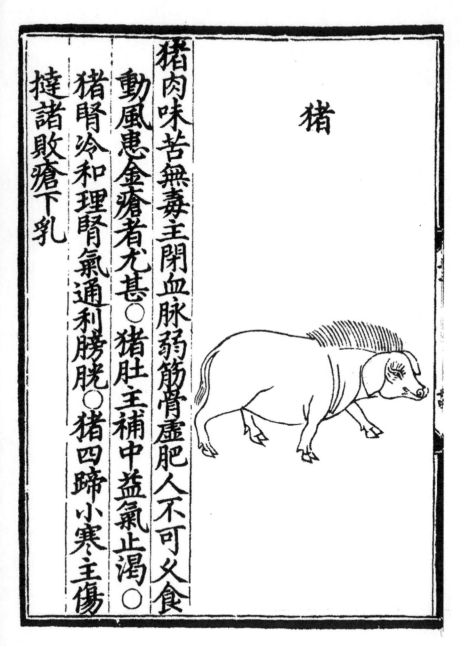

野猪

野猪肉味苦無毒主補肌膚令人虛肥雌者肉更美冬月食橡子肉色赤補人五藏治腸風瀉血其肉味勝家猪

江猪味甘平無毒然不宜多食動風氣令人體重

獺

獺肉味醎平無毒治水氣脹滿療溫疫病諸熱毒風欬嗽勞損不可與兎同食○獺肝甘有毒治腸風下血及主疰病相染○獺皮飾領袖則塵垢不著如風沙翳目以袖拭之即出又魚刺鯁喉中不出者取獺爪爬項下即出

虎

虎肉味鹹酸平無毒主惡心欲嘔益氣力食之入山
虎見則畏辟三十六種魅○虎眼睛主瘧疾辟惡
止小兒熱驚○虎骨主除邪惡氣殺鬼疰毒止驚
悸主惡瘡鼠瘻頭骨尤良

豹

豹肉味酸平無毒安五藏補絶傷壯筋骨強志氣久食令人猛健忘性麄踈耐寒暑正月勿食之傷神

唐本注云車駕鹵簿用豹尾取其威重為可貴也

土豹腦子可治腰疼

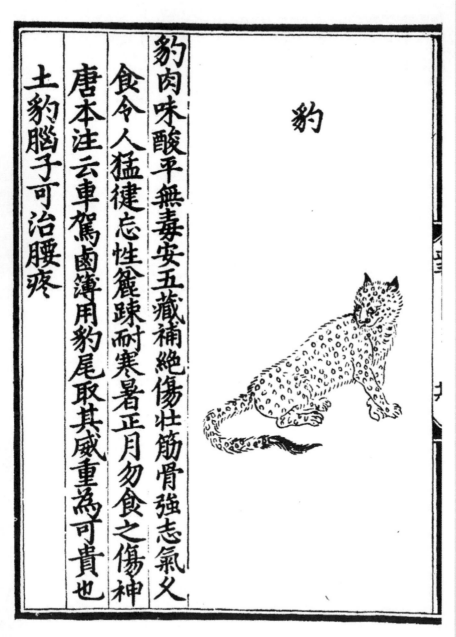

麞

麞子味甘平無毒補益人

麂

麂肉味甘平無毒主五痔多食能動人痼疾

麝

麝肉無毒性温似麞肉而腥食之不畏蛇毒

狐

狐肉温有小毒日華子云性暖補虚勞治惡瘡疥

犀牛

犀牛肉味甘溫無毒主諸獸蛇虫蠱毒辟瘴氣食之入山不迷其路○犀角味苦醎微寒無毒主百毒蠱疰邪鬼瘴氣殺鉤吻鴆羽蛇毒療傷寒溫疫○犀有數等山犀 通天犀 辟塵犀 水犀 鎮帷犀

狼

狼肉味醎性熱無毒主補益五藏厚腸胃填精髓腹有冷積者宜食之味勝狐犬肉○狼喉嗉皮熟成皮條勒頭去頭痛○狼皮熟作沓皮大暖○狼尾馬胷堂前帶之辟邪令馬不驚○狼牙帶之辟邪

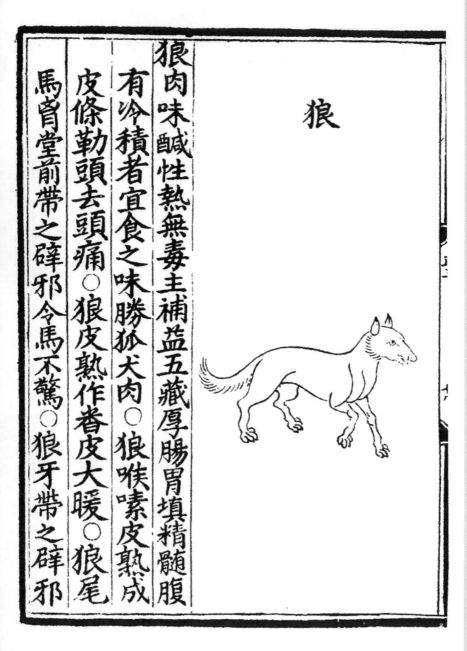

兔

兔肉味辛平無毒補中益氣不宜多食損陽事絶血脉令人痿黄不可與薑橘同食令人患卒心痛姙娠不可食令子缺脣二月不可食傷神○兔肝主明目○臘月兔頭及皮毛燒灰酒調服之治產難胞衣不出餘血不下

塔剌不花

塔剌不花 一名土撥鼠 味甘無毒主野雞瘻瘡煮食之宜人生山後草澤中北人掘取以食雖肥煮則無油湯無味多食難克化微動氣○皮作番皮不濕透甚暖○頭骨去下頦肉令齒全治小兒無睡懸之頭邊即令得睡

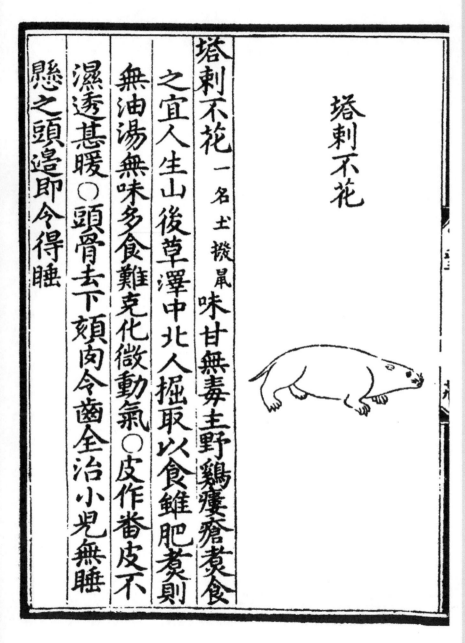

獾

獾肉味甘平無毒治上氣欬逆水腹不差作羮食良

野貍

野貍味甘平無毒主治鼠瘻惡瘡頭骨尤良

黃鼠

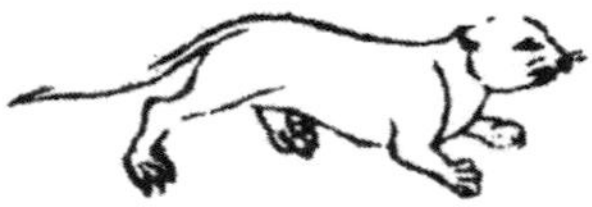

黃鼠味甘平無毒多食發瘡

猴

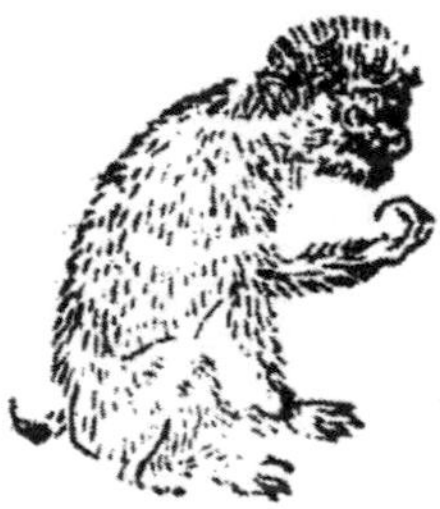

猴肉味酸無毒主治諸風勞疾釀酒尤佳

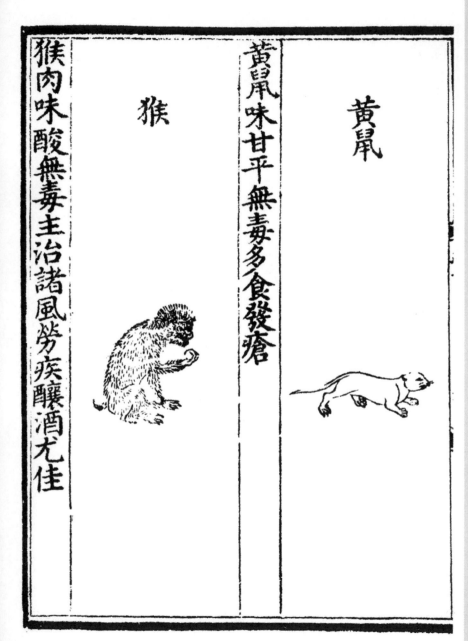

禽品
也可失剌渾
大金頭鵝也
出魯哥渾
小金頭鵝

天鵝味甘性熱無毒主補中益氣鵝有三四等金頭鵝為上小金頭鵝為次有花鵝者有一等鵝不能鳴者飛則翎響其肉微腥皆不及金頭鵝

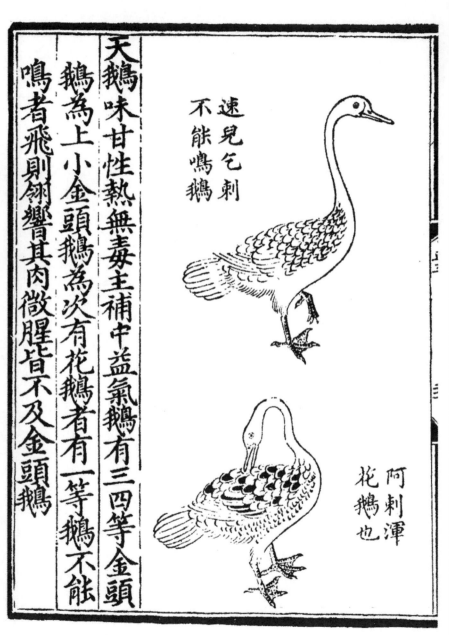

鵝

鵝味甘平無毒利五藏主消渴孟詵云肉性冷不可多食亦發痼疾日華子云蒼鵝性冷有毒食之發瘡白鵝無毒解五藏熱止渴脂潤皮膚主治耳聾

鵝彈補五藏益氣有痼疾者不宜多食

鴈

鴈味甘平無毒主風攣拘急偏枯氣不通利益氣壯筋骨補勞瘦鴈骨灰和米泔洗頭長髮○鴈膏治耳聾亦能長髮○鴈脂補虛羸令人肥白○六月七月勿食鴈令人傷神

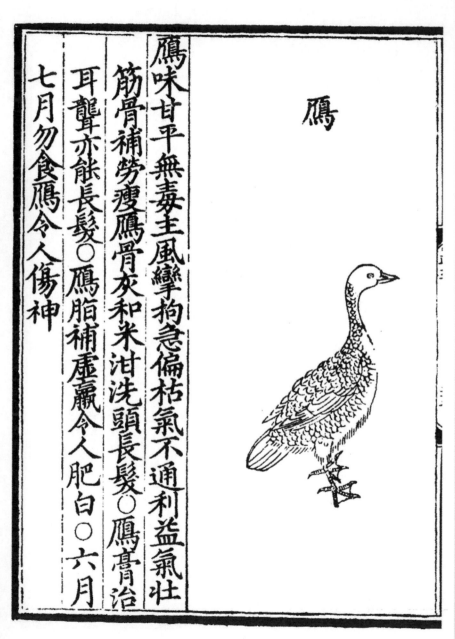

鵜鶘

鵚鶖味甘溫無毒補中益氣食之甚有益人炙食之味尤美然有數等白鵚鶖黑頭鵚鶖胡鵚鶖其肉皆不同○髓味甘美補精髓

水札

水札味甘平無毒補中益氣宜炙食之甚美

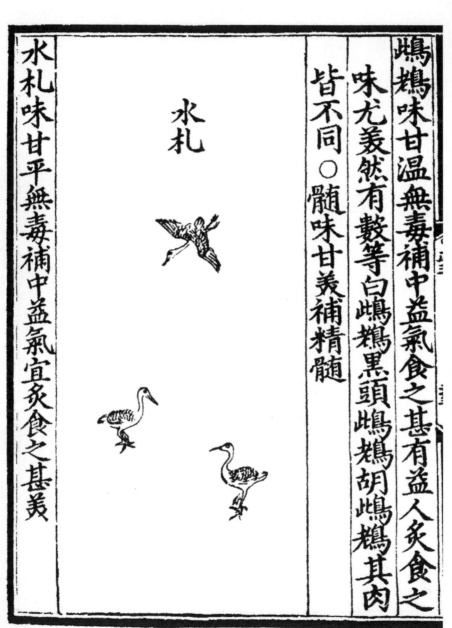

雞

丹雄鷄味甘平微溫無毒主婦人崩中漏下赤白補
虛溫中止血○白雄鷄味酸無毒主下氣療狂邪
補中安五藏治消渴○烏雄鷄味甘酸無毒主補
中止痛除心腹惡氣虛弱者宜食之○烏雌鷄味
甘溫無毒主風寒濕痺五緩六急中惡腹痛及傷
折骨疼安胎血療乳難○黃雌鷄味酸平無毒主
傷中消渴小便數不禁腸澼洩痢補五藏先患骨
熱者不可食○鷄子益氣多食令人有聲主產後
痢與小兒食之止痢日華子云鷄子鎮心安五藏
其白微寒療目赤熱痛除心下伏熱止煩滿欬逆

野雞

野鷄味甘酸微寒有小毒主補中益氣止洩痢久食令人瘦九月至十一月食之稍有益他月即發五痔及諸瘡亦不可與胡桃及菌子木耳同食

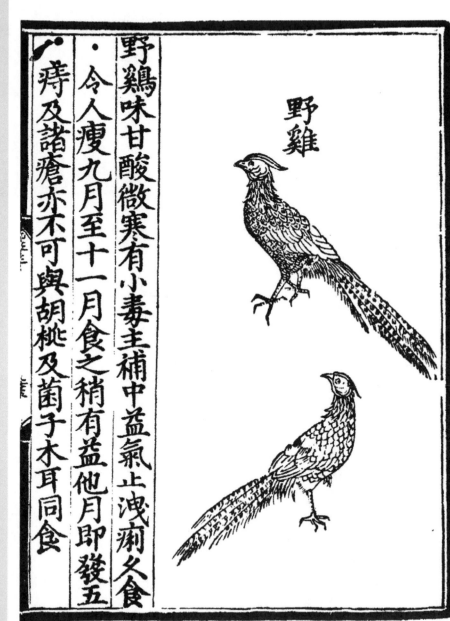

山鷄

山雞味甘温有小毒主五藏氣喘不得息者如食法服之然久食能發五痔與蕎麥麵同食生虫令遼陽有食雞味甚肥美有角鷄味尤勝諸鷄肉

鴨

速速兒

鴨肉味甘冷無毒補內虛消毒熱利水道及治小兒
熱驚癎○野鴨味甘微寒無毒補中益氣消食和
胃氣治水腫綠頭者為上尖尾者為次

鴛鴦味鹹平有小毒主治瘻瘡若夫婦不和者作羹私與食之即相愛

鸂鶒味甘平無毒治驚邪

鵓鴿

鵓鴿味鹹平無毒調精益氣解諸藥毒

鳩

鳩肉味甘平無毒安五藏益氣明目療癰腫排膿血

鴇

鴇肉味甘平無毒補益人其肉麄味美

寒鴉

寒鴉味酸鹹平無毒主瘦病止欬嗽骨蒸羸弱者

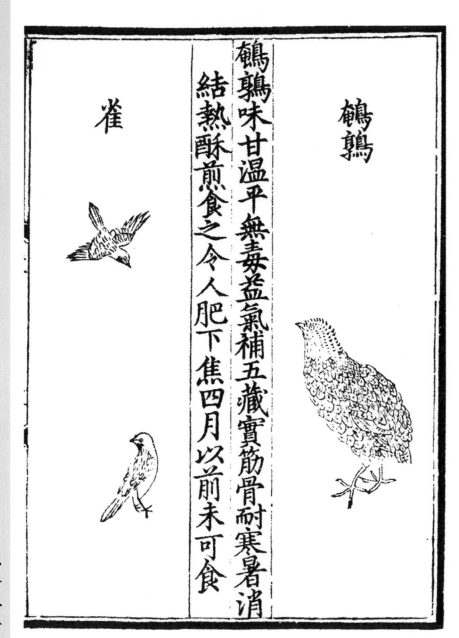

鵪鶉

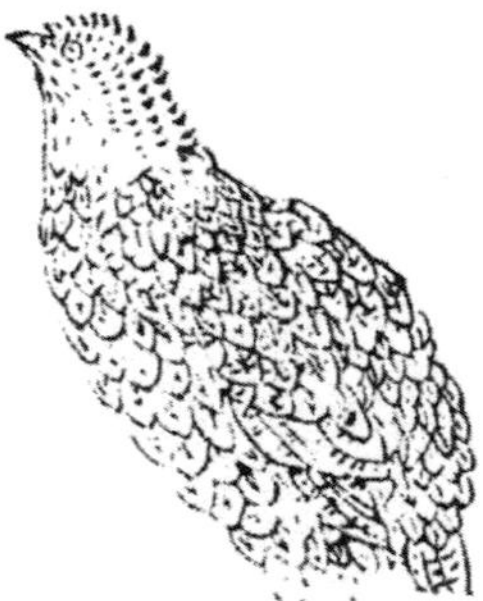

鵪鶉味甘溫平無毒益氣補五藏實筋骨耐寒暑消結熱酥煎食之令人肥下焦四月以前未可食

雀

雀腦味甘無毒性熱壯陽道令人有子冬月者良
蒿雀味甘溫無毒食之益陽道義於諸雀

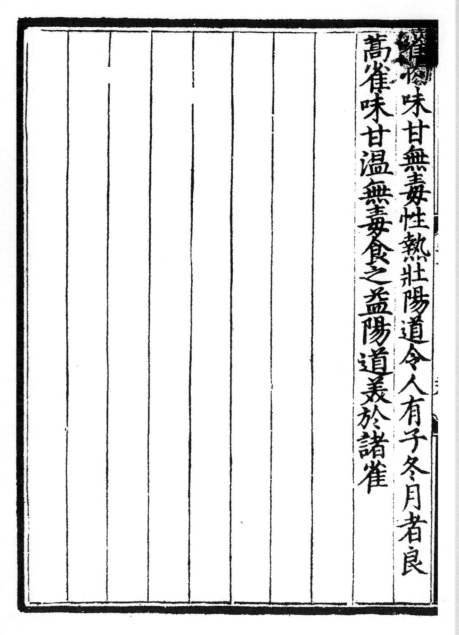

魚品

鯉魚

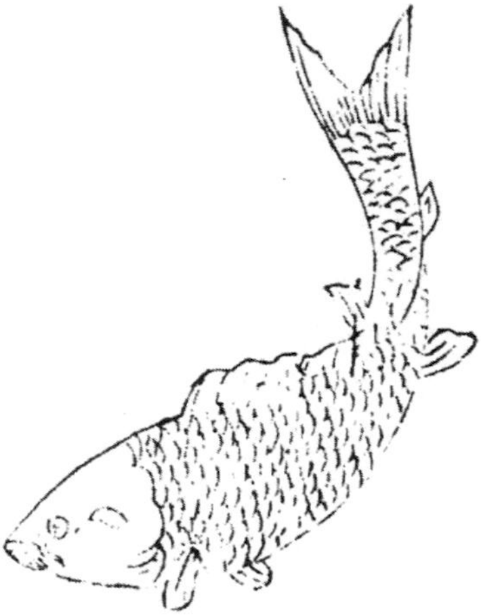

鯉魚味甘寒有毒主欬逆上氣黄疸止渴安胎治水腫脚氣天行病後不可食有宿癥者不可食

鯽魚

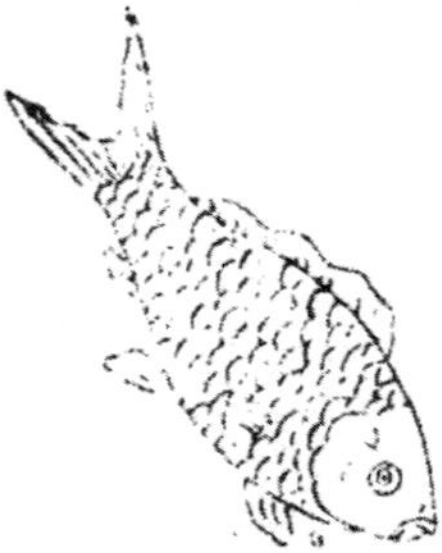

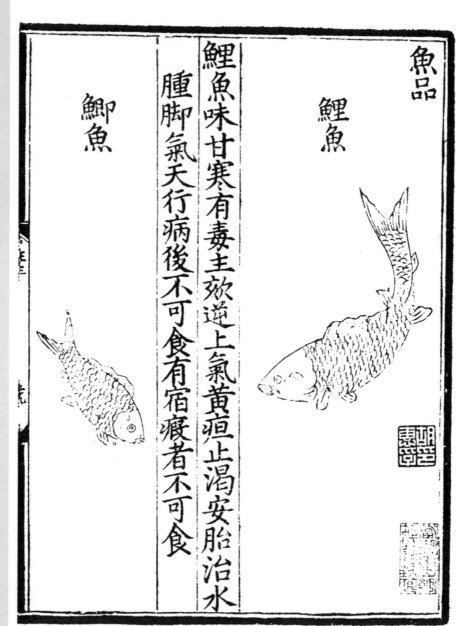

鯽魚味甘溫平無毒調中益五藏和蓴菜作羹食良

患腸風痔瘻下血宜食之

魴魚

魴魚甘溫平無毒補益與鯽魚同功若作鱠食助脾

胃不可與疳痢人食

白魚味甘平無毒開胃下食去水氣久食發病

黃魚味甘有毒發風動氣不可與蕎麵同食

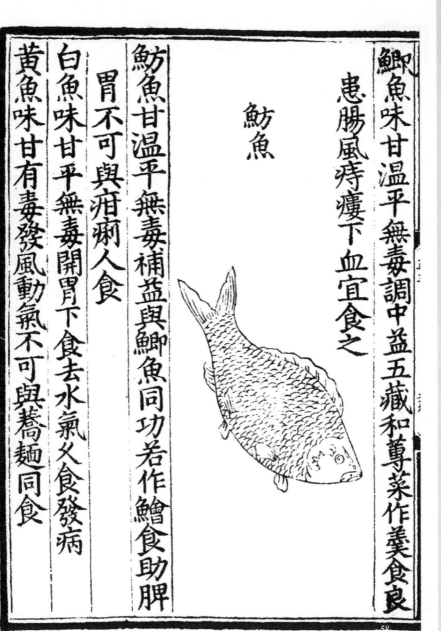

青魚味甘平無毒南人作鮓不可與芫荽麵醬同食

青魚

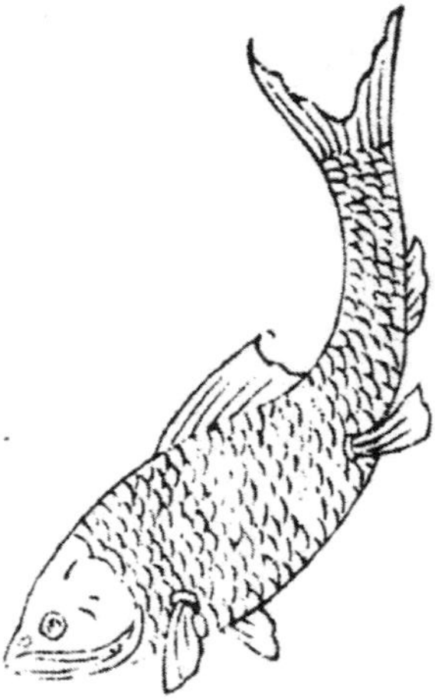

鮎魚

鮎魚味甘寒有毒勿多食目赤鬚赤者不可食

沙魚

沙魚味甘鹹無毒主心氣鬼疰蠱毒吐血

鱓魚味甘平無毒主濕痺天行病後不可食

鮑魚味腥臭無毒主墜蹶踠折瘀血痺在四肢不散者及治婦人崩血不止

河豘魚味甘溫主補虛去濕氣治腰脚痔等疾

石首魚味甘無毒開胃益氣乾而味鹹者名為鮝

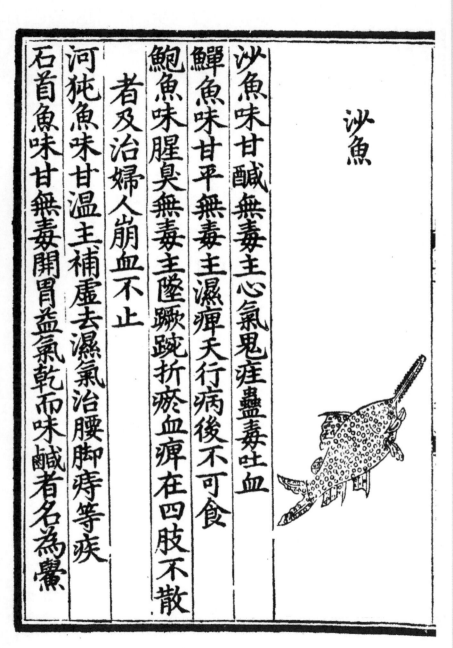

阿八兒忽魚

阿八兒忽魚味甘平無毒利五藏肥美人多食難克化○脂黃肉麄無鱗骨止有脆骨○胞可作膘膠甚粘膘與酒化服之消破傷風其魚大者有一二丈長一名鱘魚又名鱣魚 生遼陽東北海河中

61

乞里麻魚

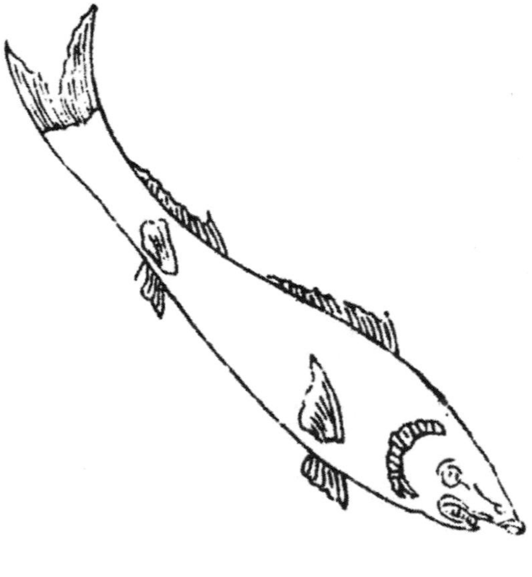

乞里麻魚味甘平無毒利五藏肥美人　脂黃肉稍麄　胞亦作膘其魚大者有五六尺長生遼陽東北海河中

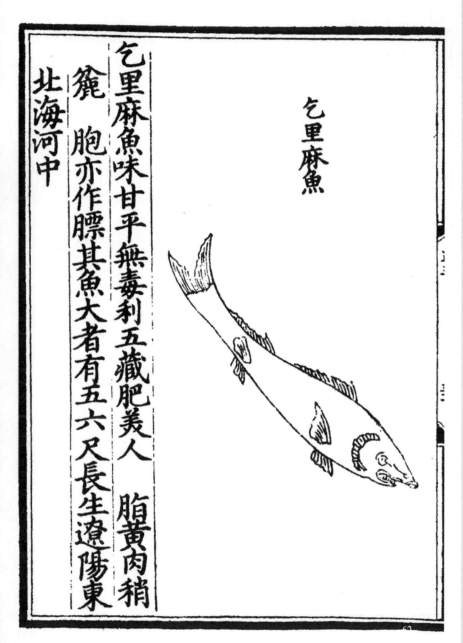

鼈

鼈肉味甘平無毒下氣除骨節間勞熱結實壅塞

蟹

蟹味鹹有毒主胸中邪熱結痛通胃氣調經脈

蝦

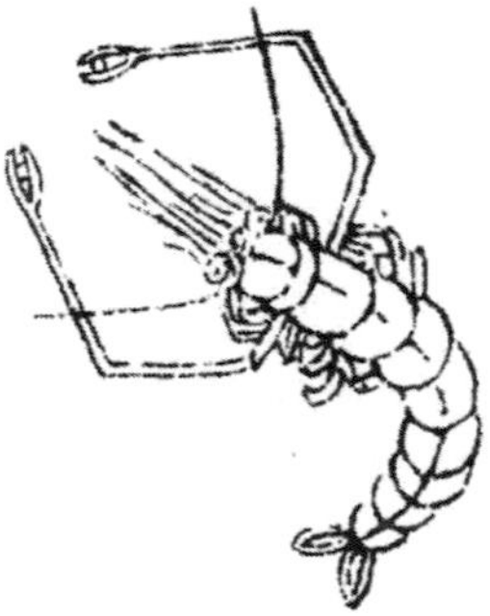

蝦味甘有毒多食損人無鬚者不可食

螺味甘大寒無毒治肝氣熱止渴解酒毒

蛤蜊味甘大寒無毒潤五藏止渴平胃解酒毒

蝟味苦平無毒理胃氣實下焦

蚌冷無毒明目止消渴除煩解熱毒

鱸魚平補五藏益筋骨和腸胃治水氣食之宜人

果品

桃

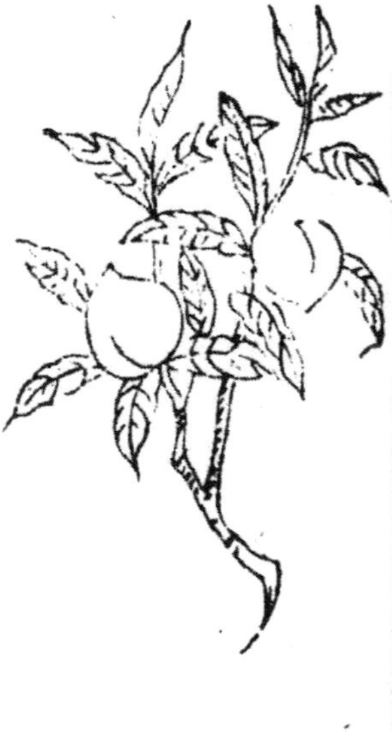

桃味辛甘無毒利肺氣止欬逆上氣消心下堅積除卒暴擊血破癥瘕通月水止痛　桃仁止心痛

梨

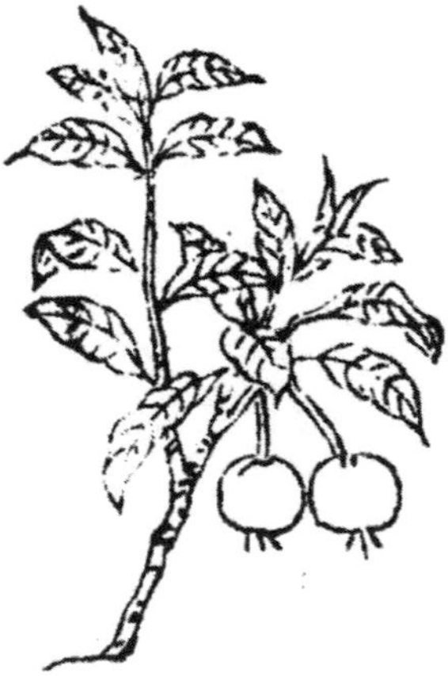

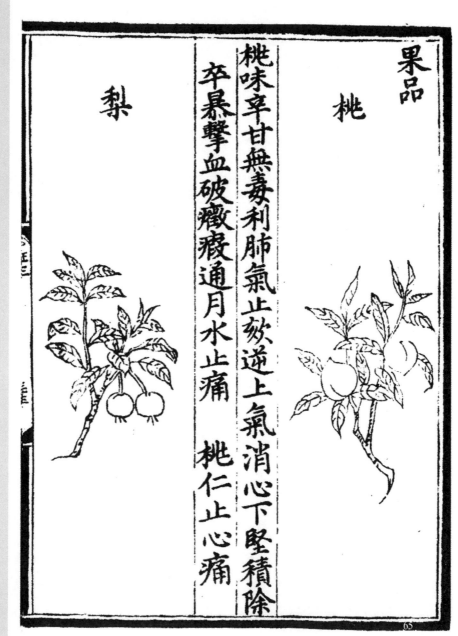

棃味甘寒無毒主熱嗽止渴踈風利小便多食寒中

柿

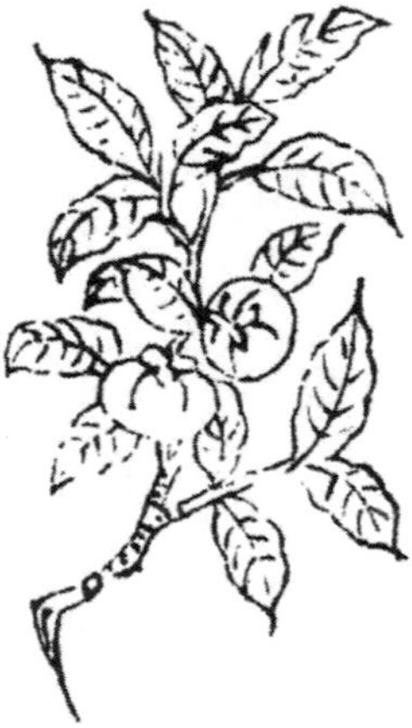

柿味甘寒無毒通耳鼻氣補虛勞腸澼不足厚脾胃

木瓜

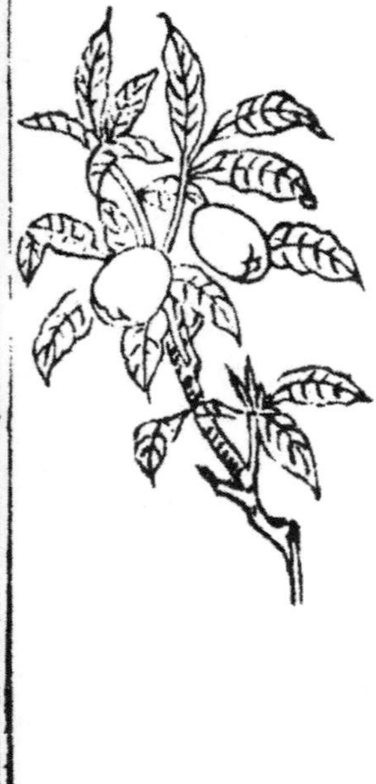

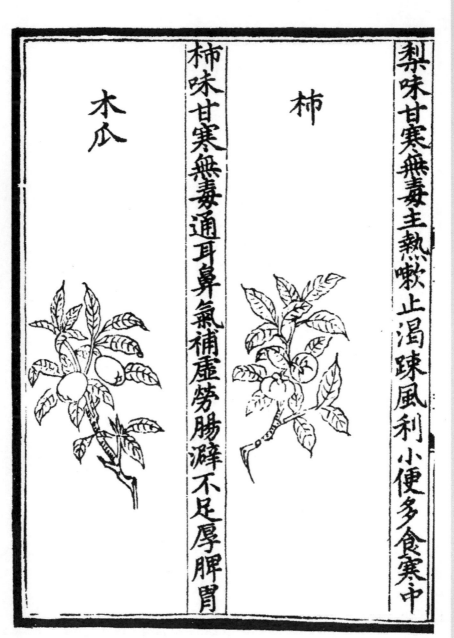

木瓜味酸溫無毒主濕痺邪氣霍亂吐下轉筋不止

梅

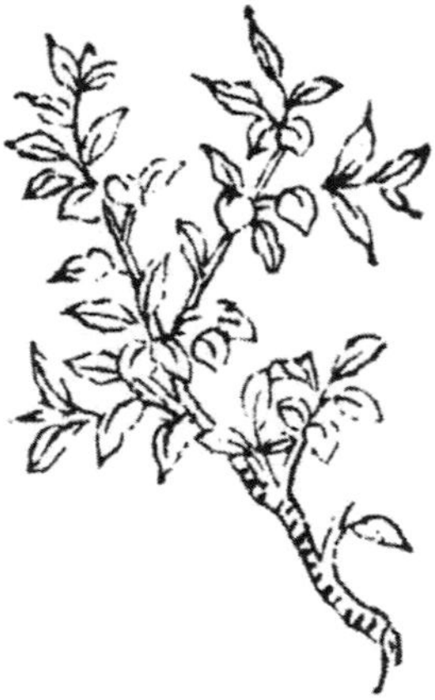

梅實味酸平無毒主下氣除煩熱安心止痢住渴

李

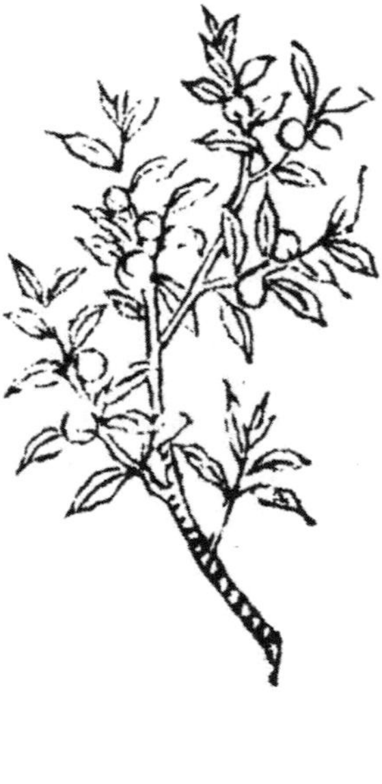

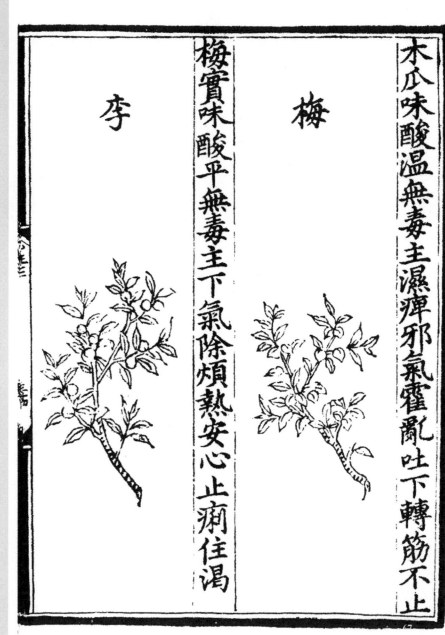

李子味苦平無毒主僵仆瘀血骨痛除痼熱調中

柰

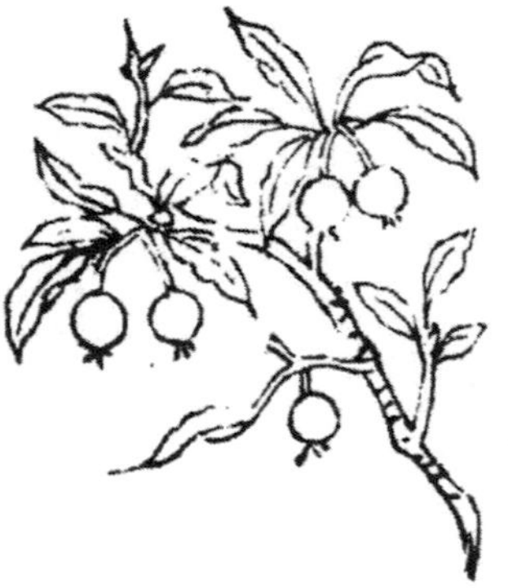

柰子味苦寒多食令人腹脹病人不可食

石榴

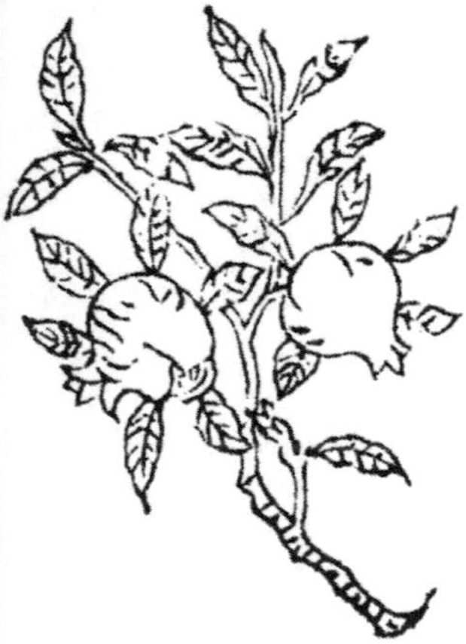

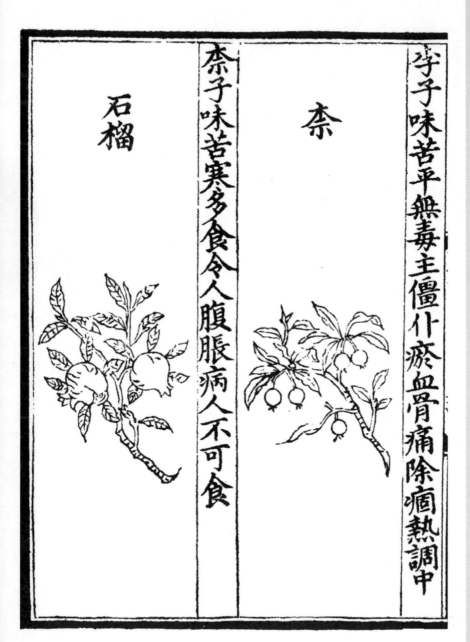

石榴味甘酸無毒主咽渴不可多食損人肺止漏精

林檎

林檎味甘酸温不可多食發熱澀氣令人好睡

杏

杏味酸不可多食傷筋骨杏仁有毒主欬逆上氣

柑

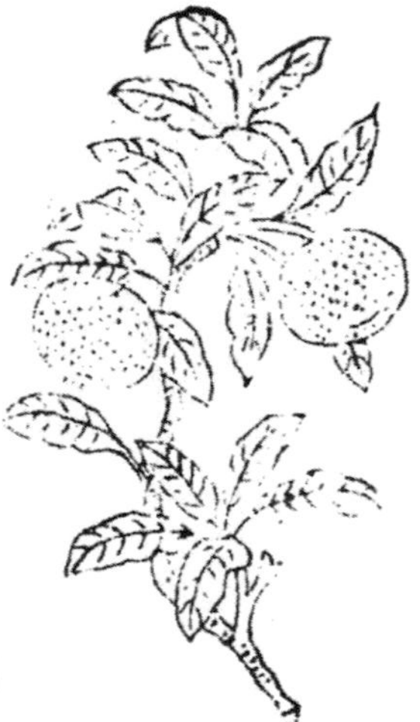

柑子味甘寒去腸胃熱利小便止渴多食發痼疾

橘

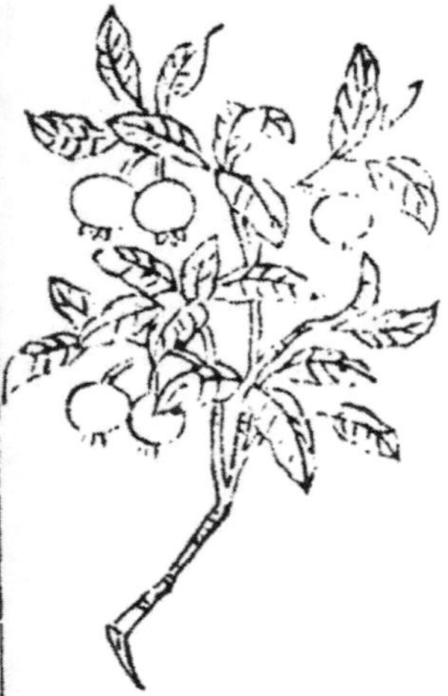

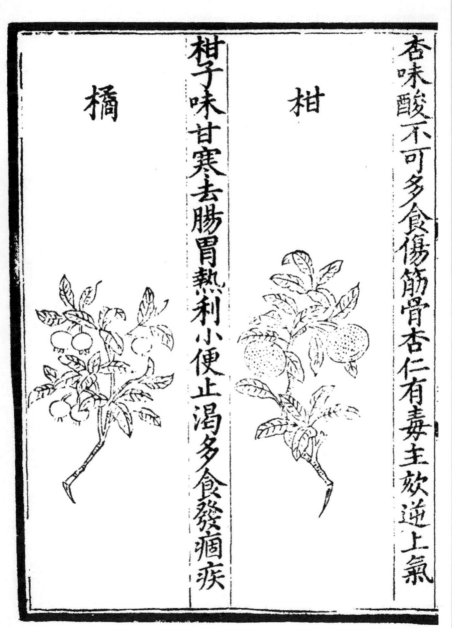

橘子味甘酸無毒温止嘔下氣利水道去胷中瘕熱

橙

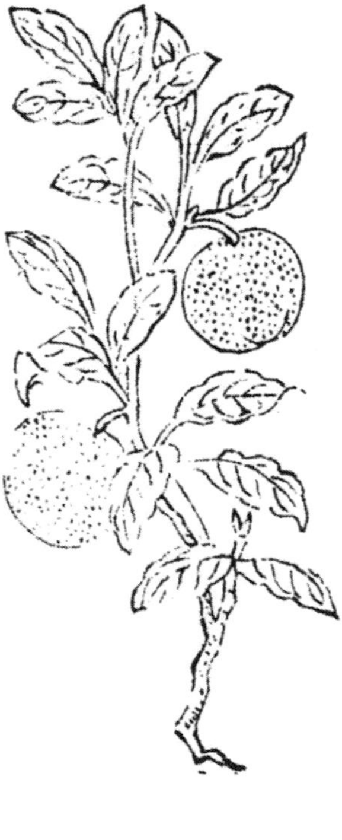

橙子味甘酸無毒去惡心多食傷肝氣 皮甚香美

栗

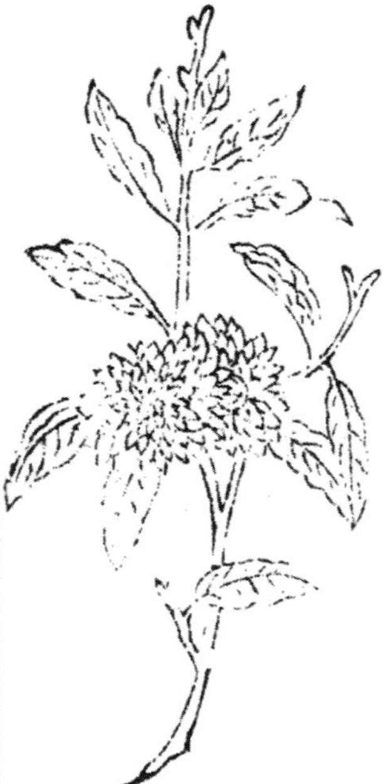

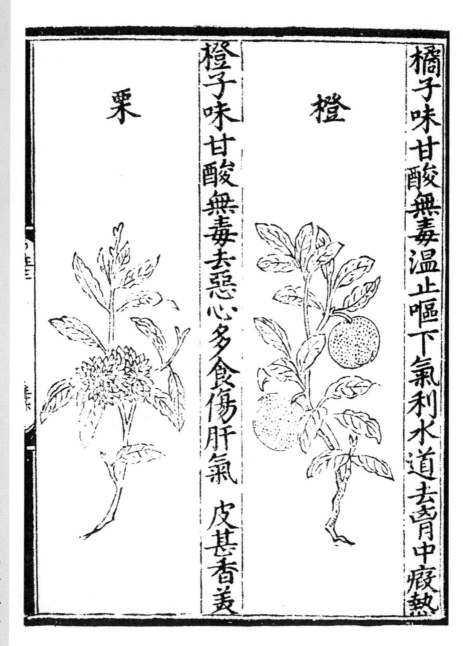

栗味鹹温無毒主益氣厚腸胃補腎虛炒食壅人氣

棗

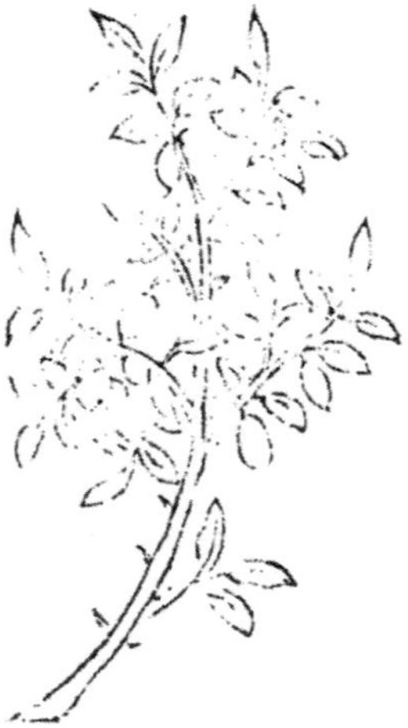

棗味甘無毒主心腹邪氣安中養脾助經脉生津液

櫻桃

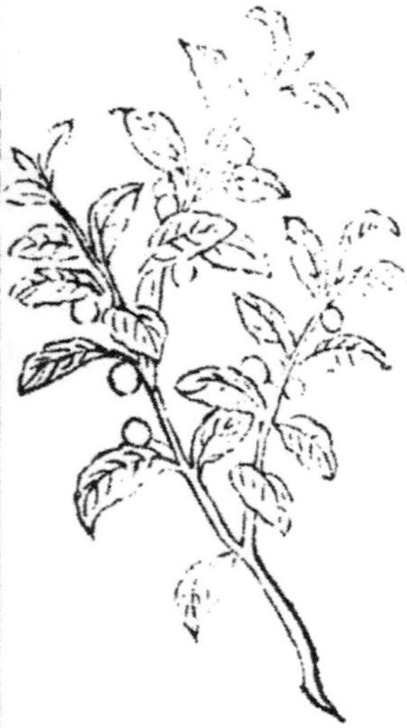

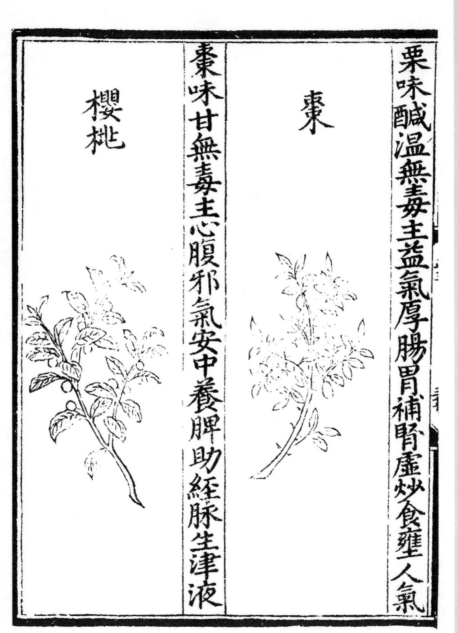

櫻桃味甘主調中益脾氣令人好顏色暗風人忌食

葡萄

葡萄味甘無毒主筋骨濕痹益氣強志令人肥健

胡桃

胡桃味甘無毒食之令人肥健潤肌黑髮多食動風

松子

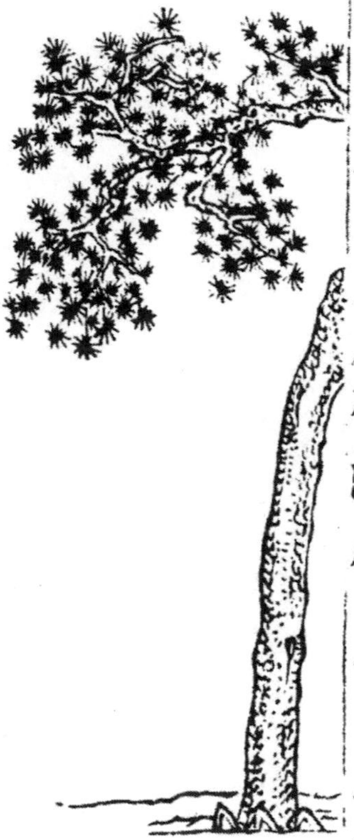

松子味甘溫無毒治諸風頭眩散水氣潤五藏延年

蓮子

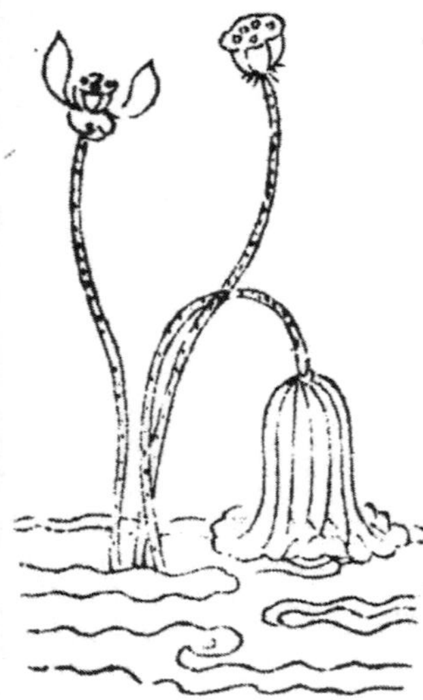

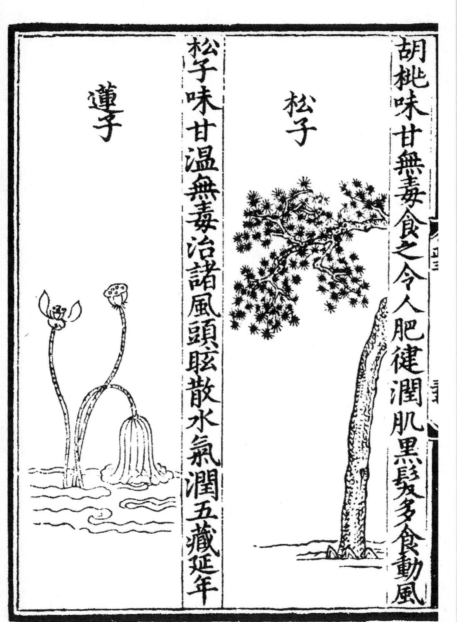

蓮子味甘平無毒補中養神益氣除百疾輕身不老

鷄頭

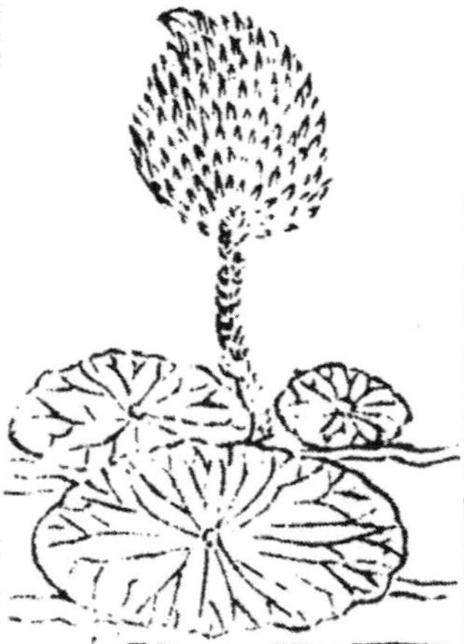

鷄頭味甘平無毒主濕痹腰膝痛補中除疾益精氣

芰實

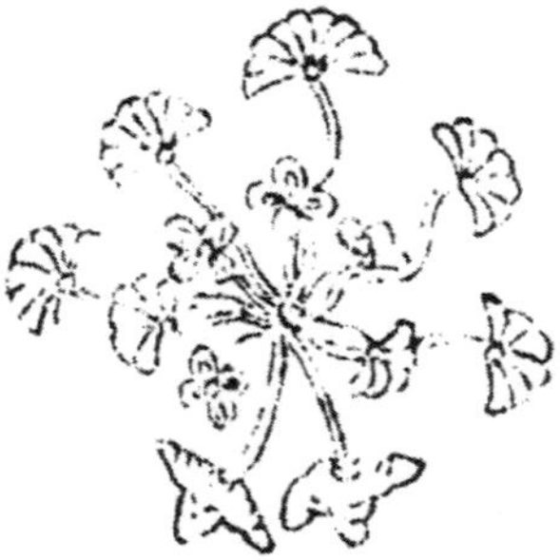

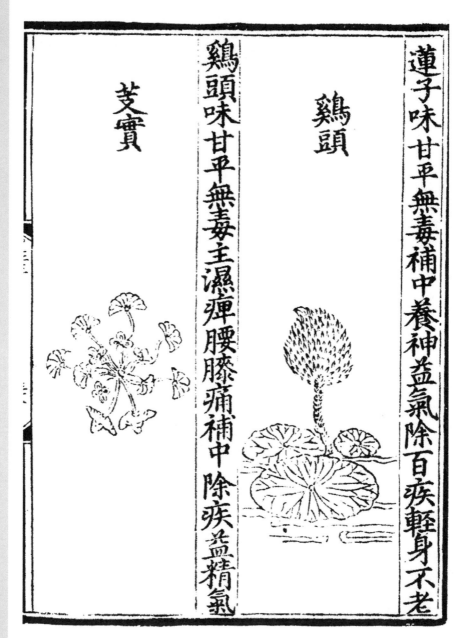

芰實味甘平無毒主安中補五藏輕身不飢

荔枝

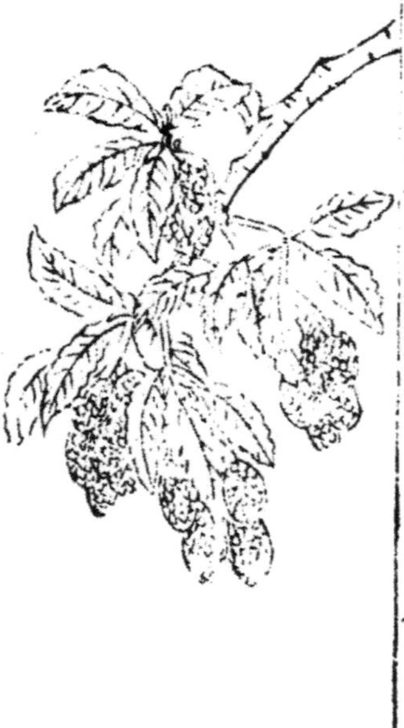

荔枝味甘平無毒止渴生津益人顔色

龍眼

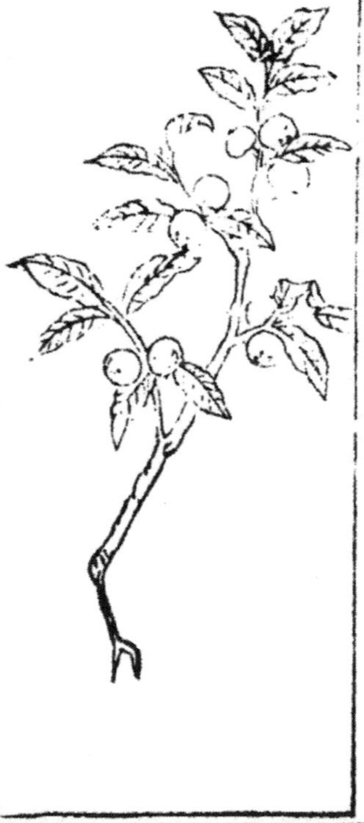

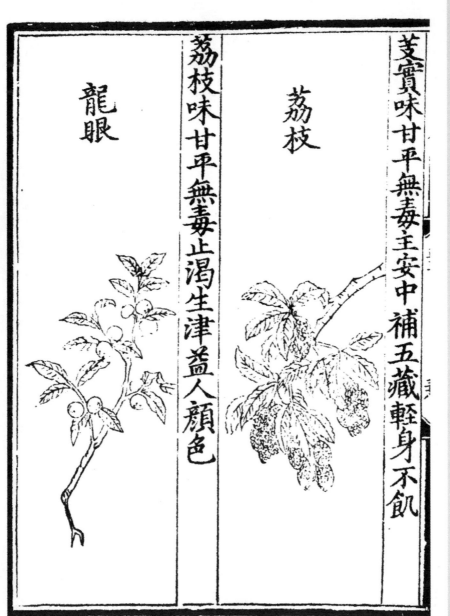

龍眼味甘平無毒主五藏邪氣安志厭食除蟲去毒

銀杏

銀杏味甘苦無毒炒食煑食皆可生食發病

橄欖

橄欖味酸甘溫無毒主消酒開胃下氣止渴

楊梅

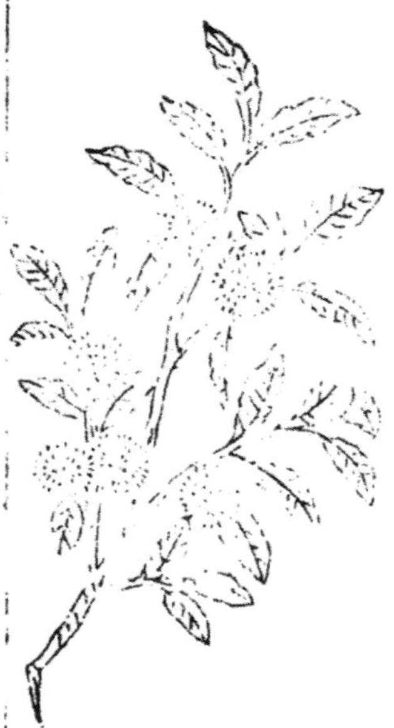

楊梅味酸甘溫無毒主去痰止嘔消食下酒

榛子

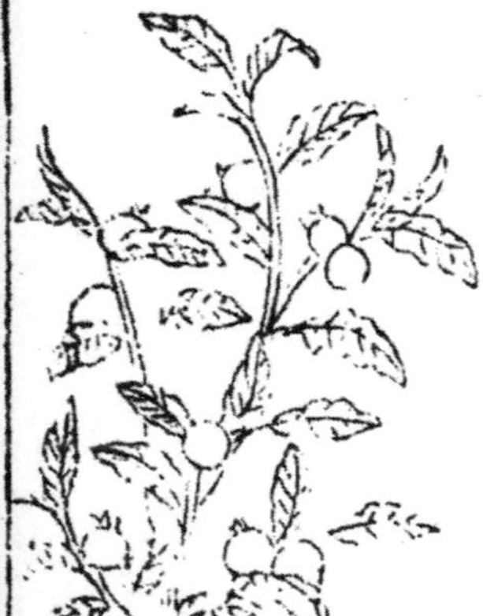

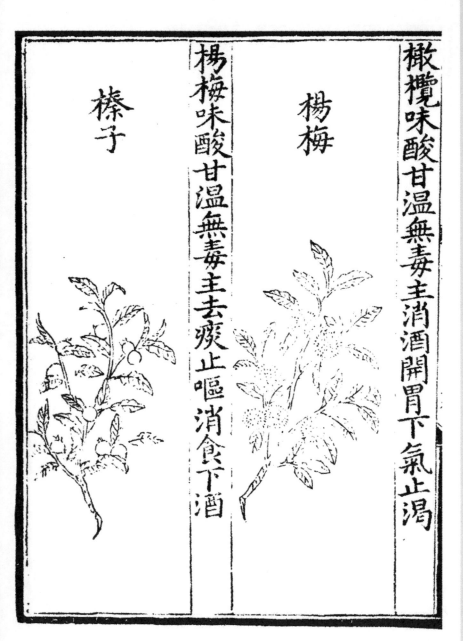

榛子味甘平無毒益氣力寬腸胃健行令人不飢

榧子

榧子味甘無毒主五痔去三虫蠱毒鬼疰

沙糖

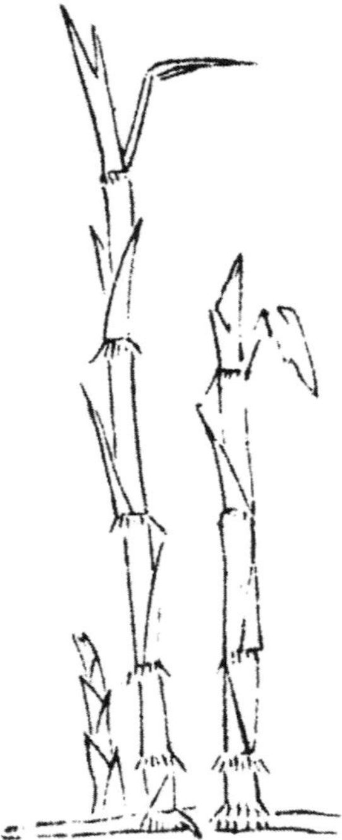

沙糖味甘寒無毒主心腹熱脹止渴明目即甘蔗汁熬成沙糖

甜瓜

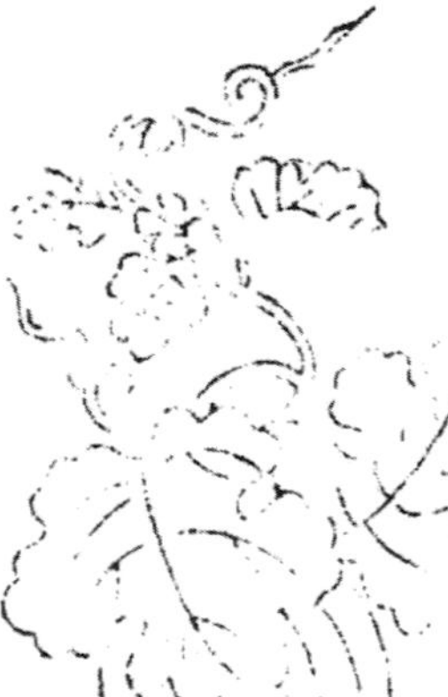

甜瓜味甘寒有毒止渴除煩熱多食發冷病破腹

西瓜

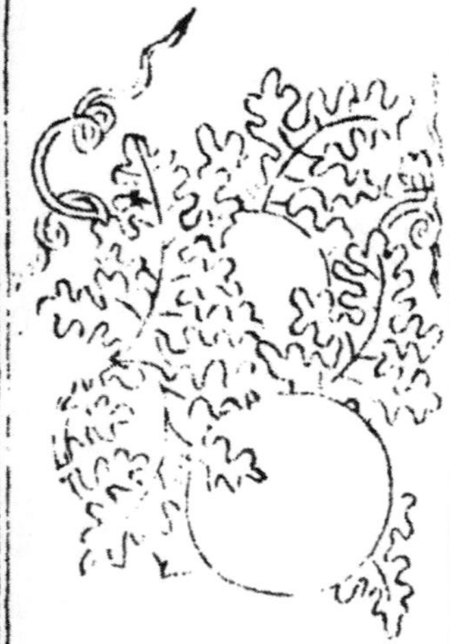

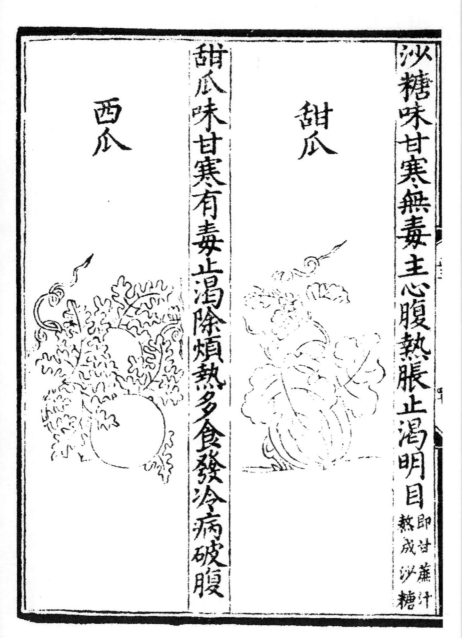

西瓜味甘平無毒主消渴治心煩解酒毒

酸棗

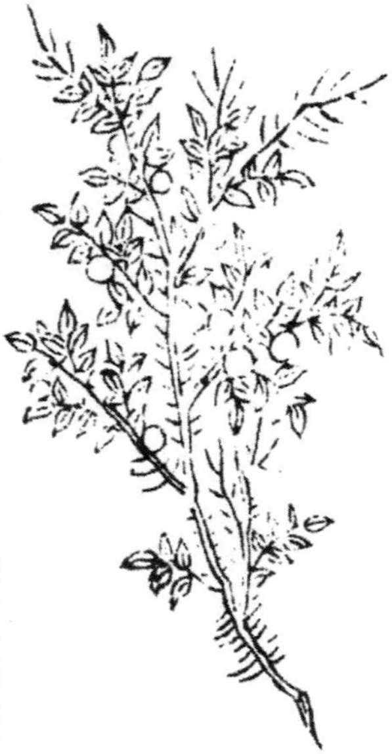

酸棗味酸甘平無毒主心腹寒熱邪結氣聚除煩

海紅

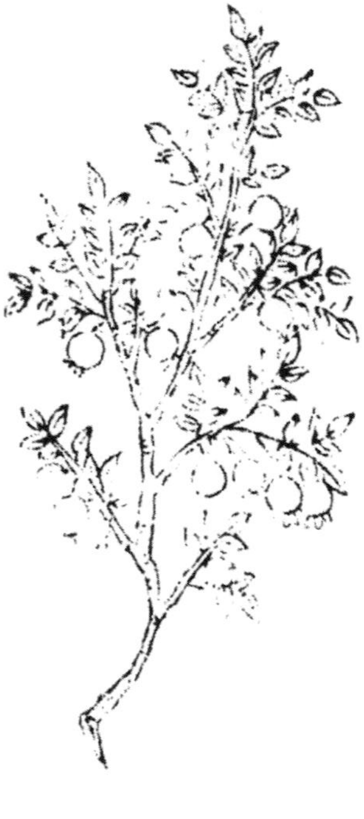

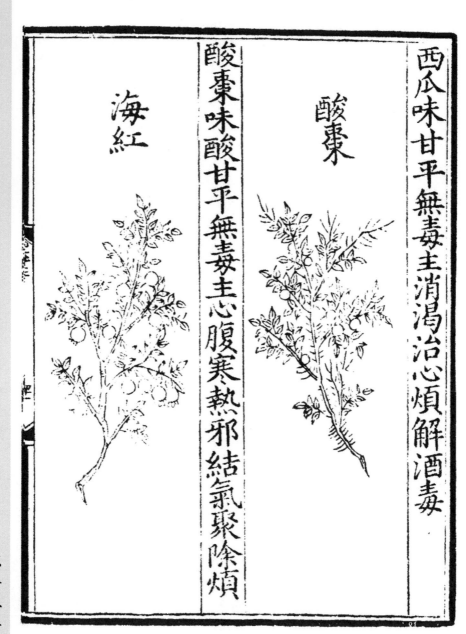

海紅味酸甘平無毒治洩痢

香圓

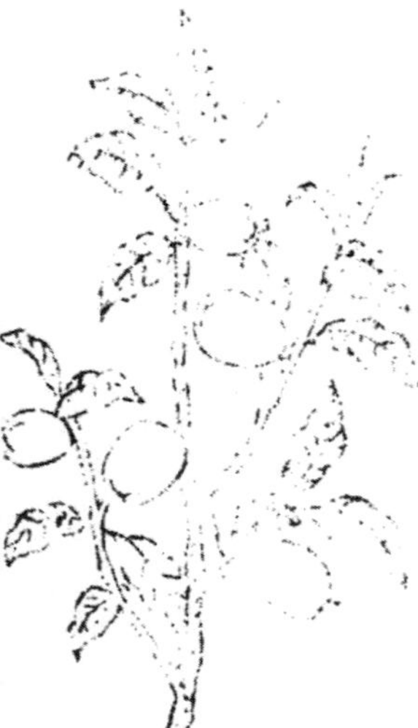

香圓味酸甘平無毒下氣開胷膈

株子

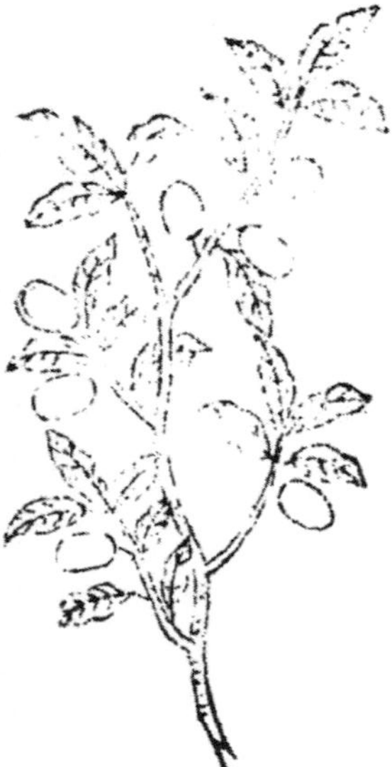

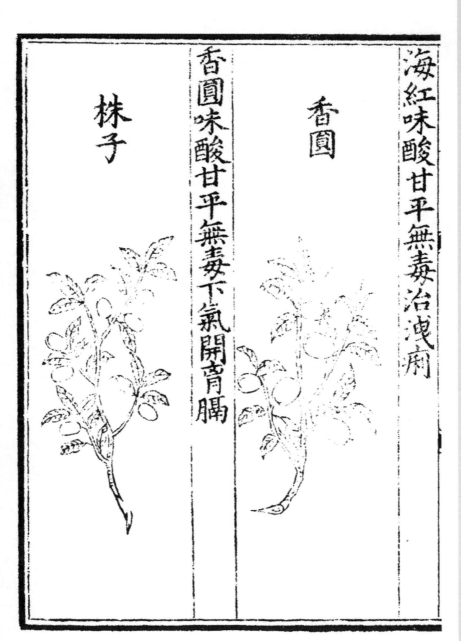

株子味酸甘平無毒性微寒不可多食

平波

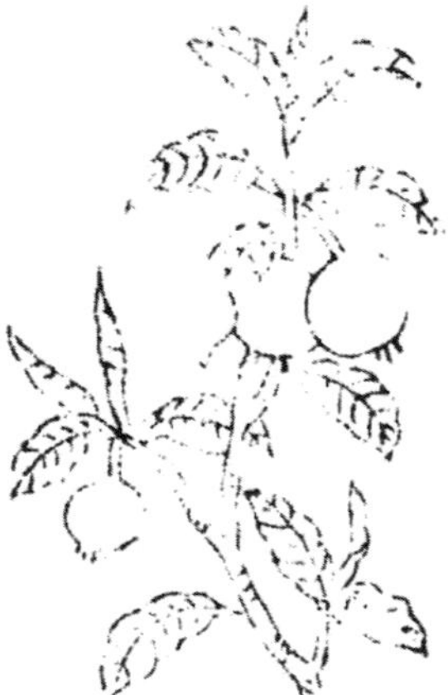

平波味甘無毒止渴生津置衣服篋笥中香氣可愛

八檐仁

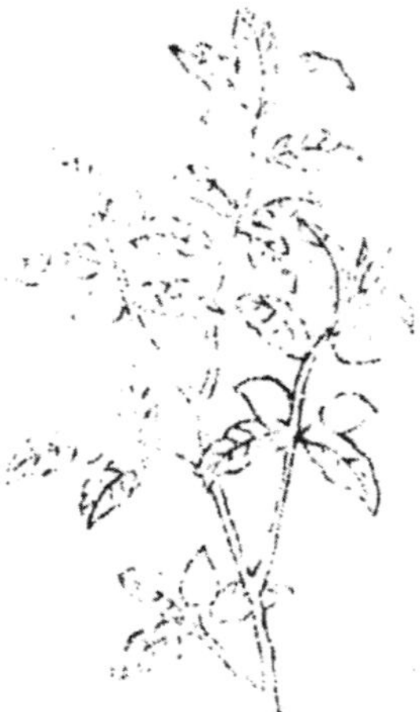

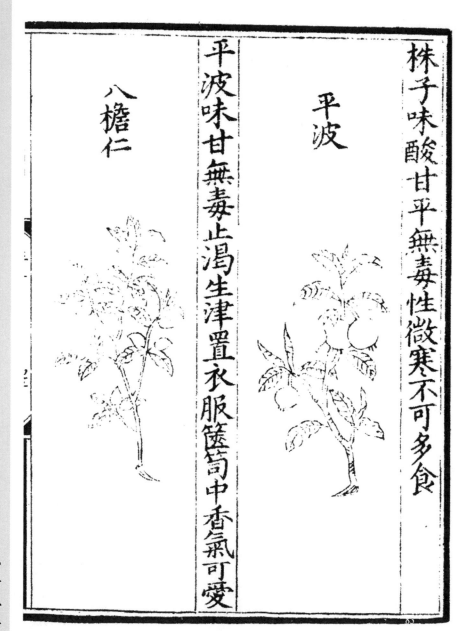

八檐仁味甘無毒止欬下氣消心腹逆悶其果出回回田地

必思荅

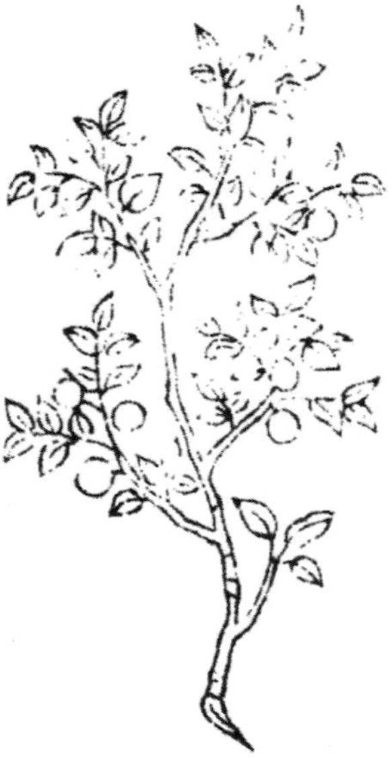

必思荅味甘無毒調中順氣其果出回回田地

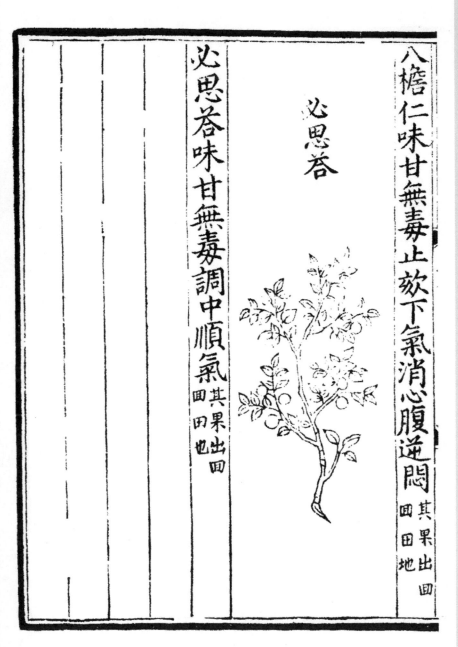

菜品

葵菜

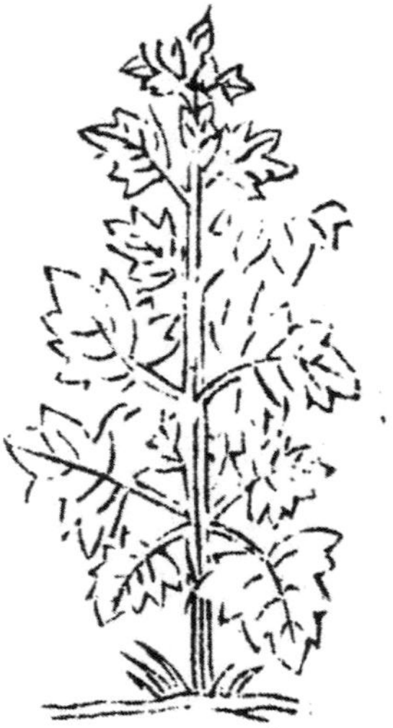

葵菜味甘寒平無毒爲百菜主治五藏六府寒熱羸瘦五癃利小便療婦人乳難

蔓菁

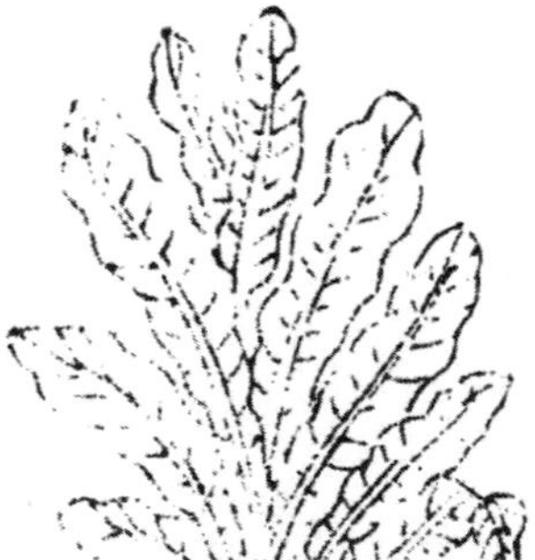

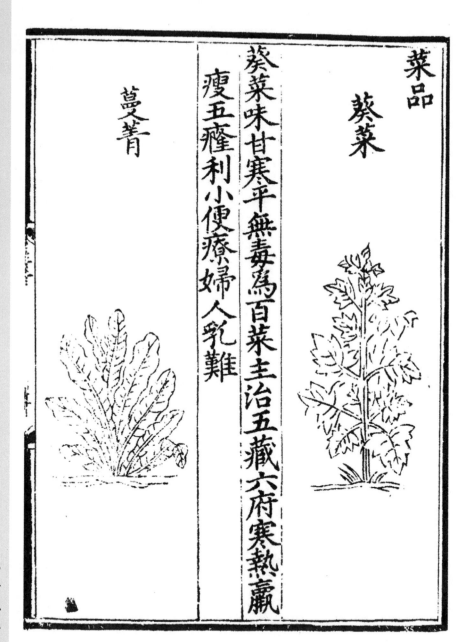

蔓菁味苦溫無毒主利五藏輕身益氣蔓菁子明目

芫荽

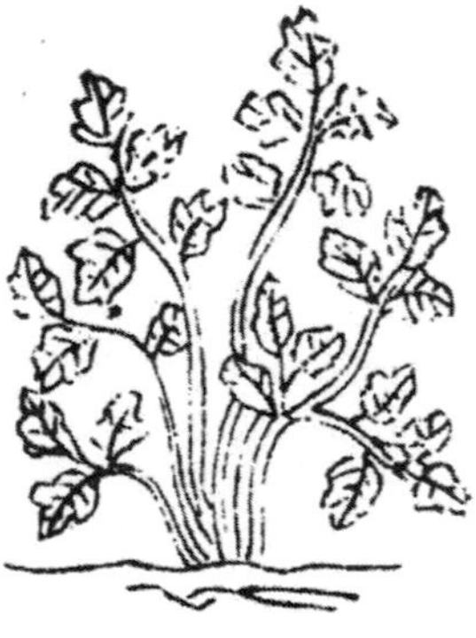

芫荽味辛溫微毒消穀補五藏不足通利小便一名胡荽

芥

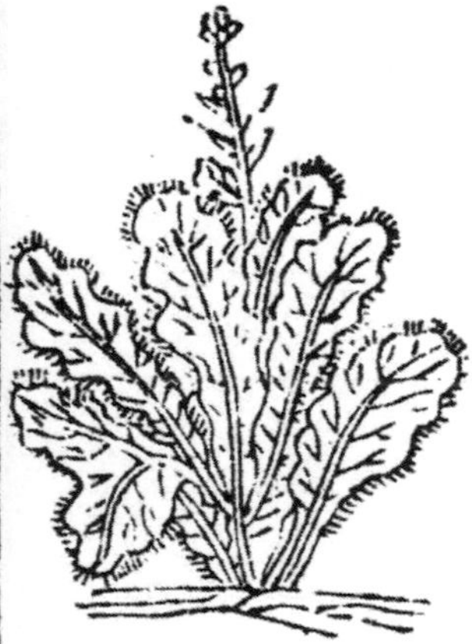

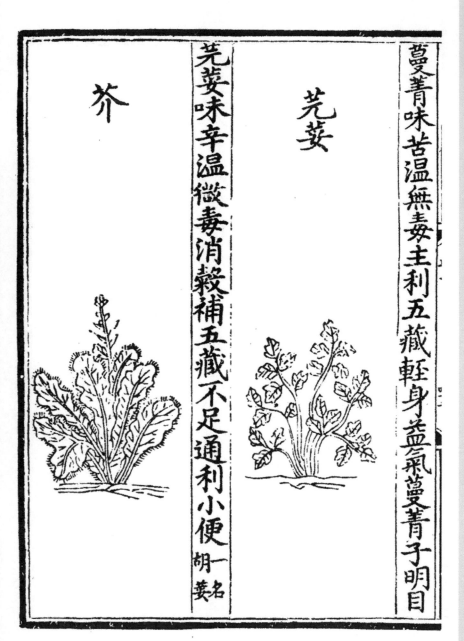

芥味辛温無毒主除腎邪氣利九竅明目安中

葱

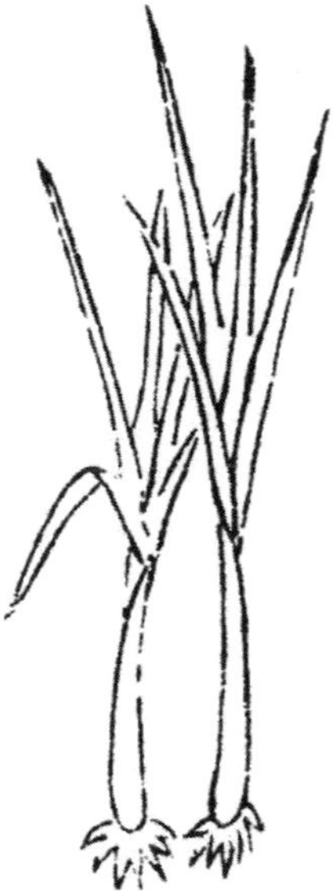

葱味辛温無毒主明目補不足治傷寒發汗去腫

蒜

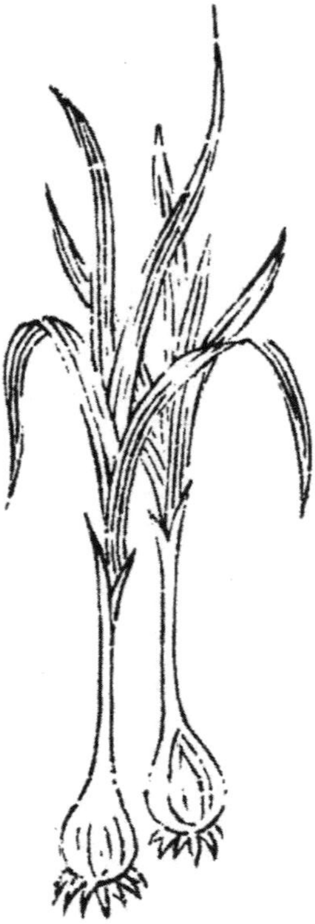

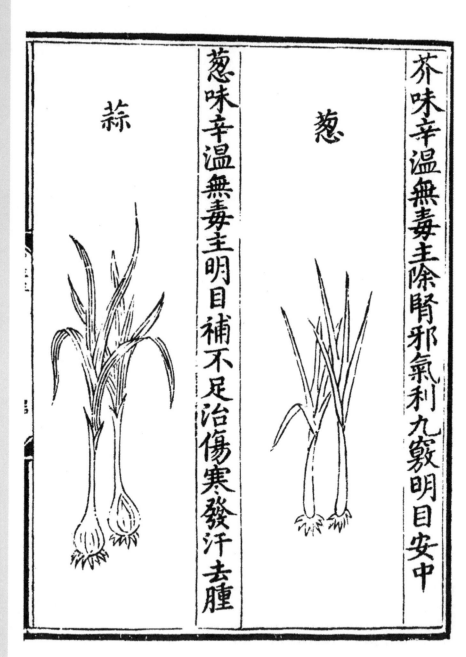

蒜味辛溫有毒主散癰腫除風邪殺毒氣獨顆者佳

韮

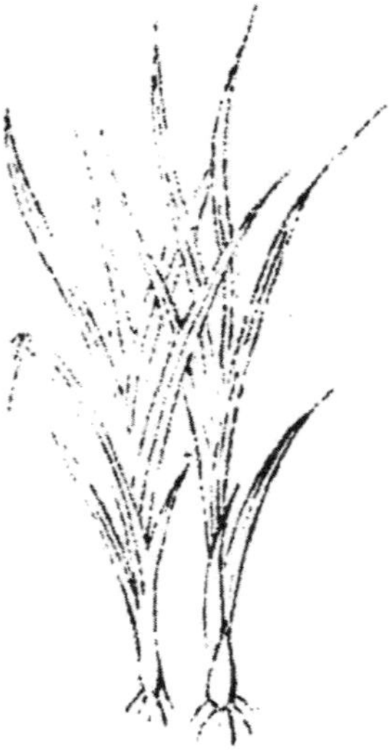

韮味辛溫無毒安五藏除胃熱下氣補虛可以久食

冬瓜

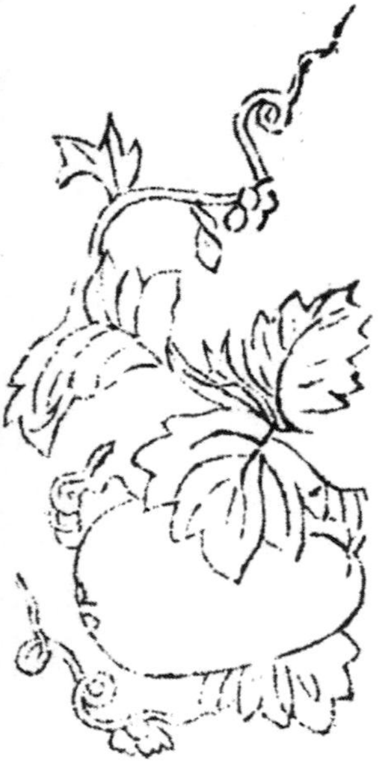

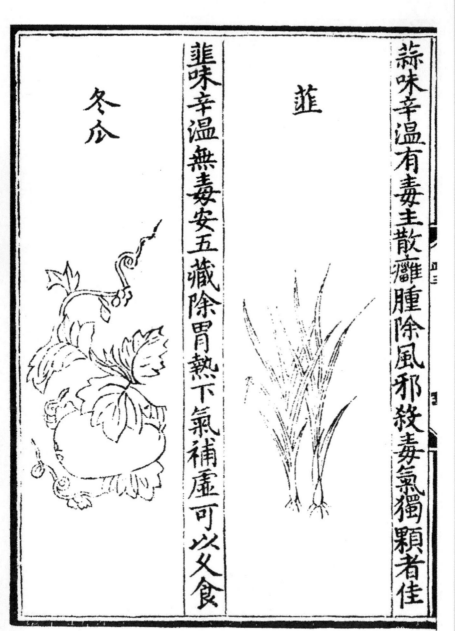

冬瓜味甘平微寒無毒主益氣悅澤駐顏令人不飢

黃瓜

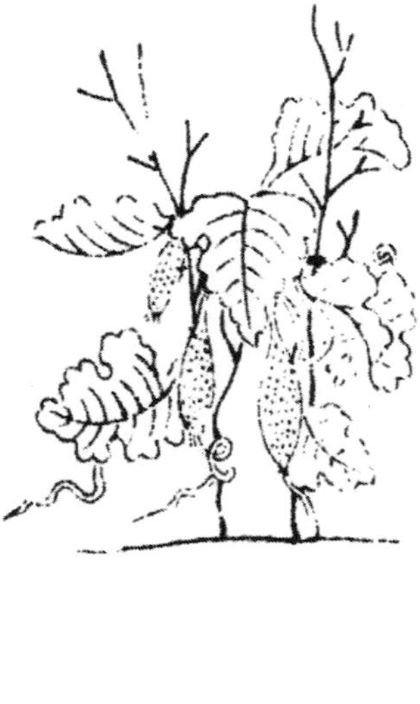

黃瓜味甘平寒有毒動氣發病令人虛熱不可多食

蘿蔔

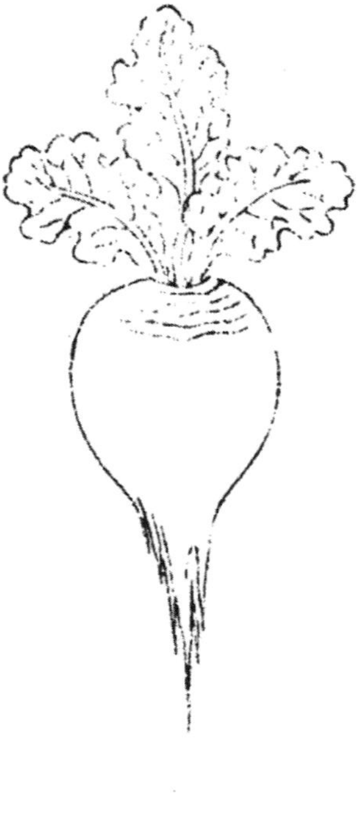

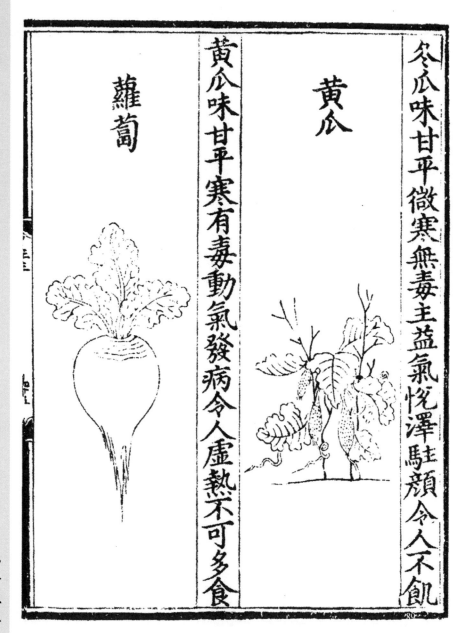

蘿蔔味甘溫無毒主下氣消穀去痰癖治渴制麵毒

胡蘿蔔

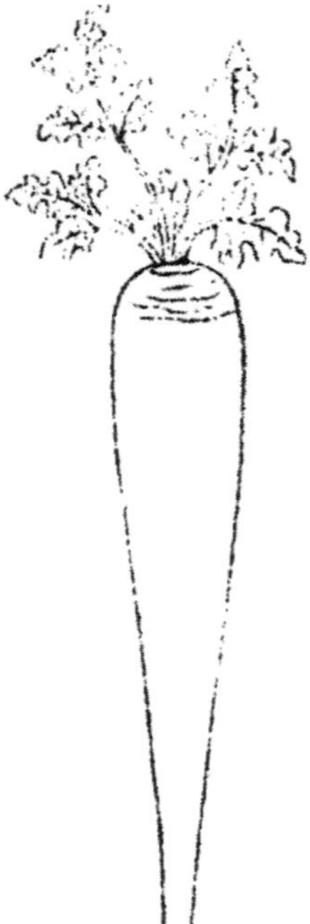

胡蘿蔔味甘平無毒主下氣調利腸胃

天淨菜

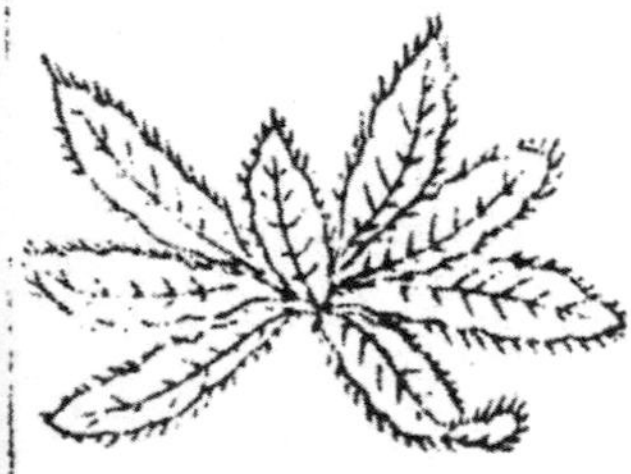

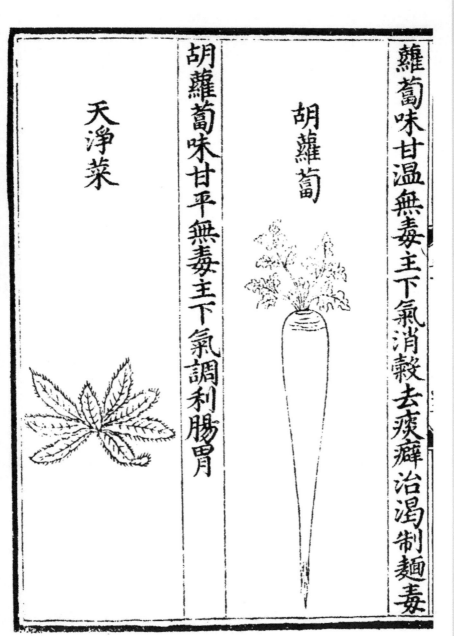

天淨菜味苦平無毒除面目黃強志清神利五藏即野苦蕒

瓠

瓠味苦寒有毒主面目四肢浮腫下水多食令人吐

菜瓜

菜瓜味甘寒有毒利腸胃止煩渴不可多食即稍瓜

葫蘆

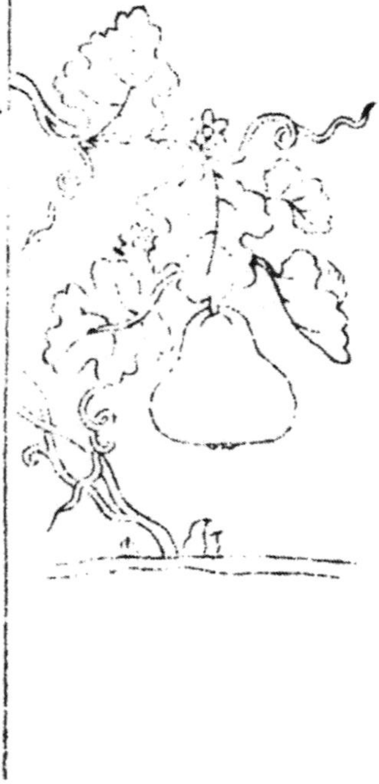

葫蘆味甘平無毒主消水腫益氣

蘑菰

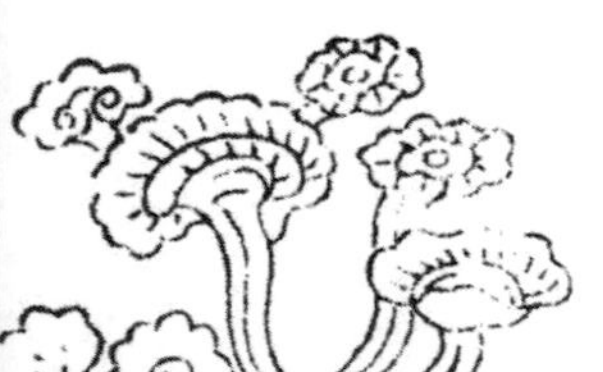

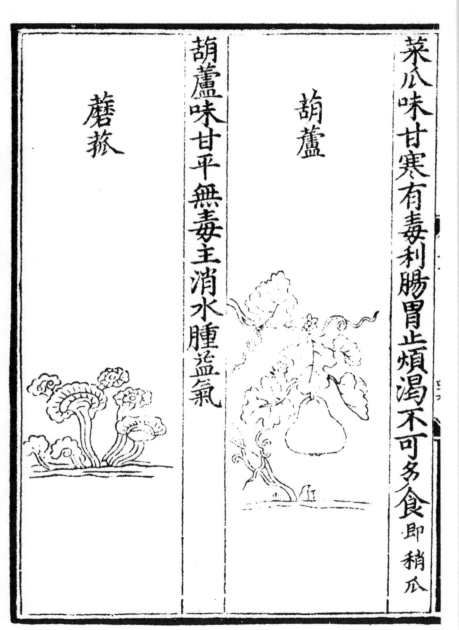

蘑菰味甘寒有毒動氣發病不可多食

菌子

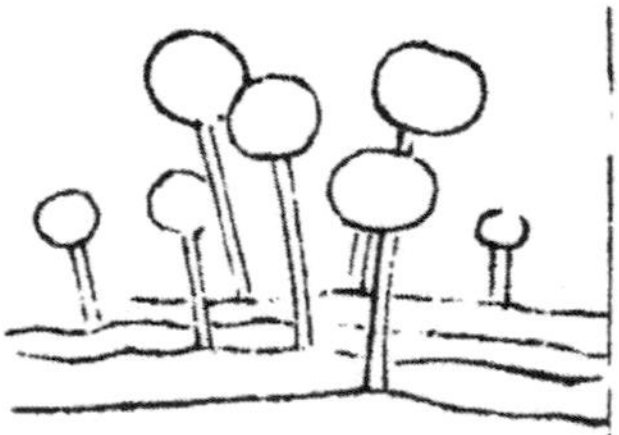

菌子味苦寒有毒發五藏風擁氣動脉痔令人昏悶

木耳

木耳味苦寒有毒利五藏宣腸胃擁毒氣不可多食

竹筍

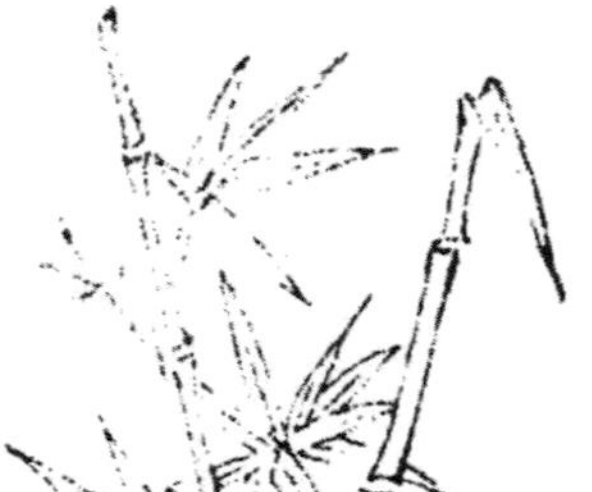

竹筍味甘無毒主消渴利水道益氣多食發病

蒲筍

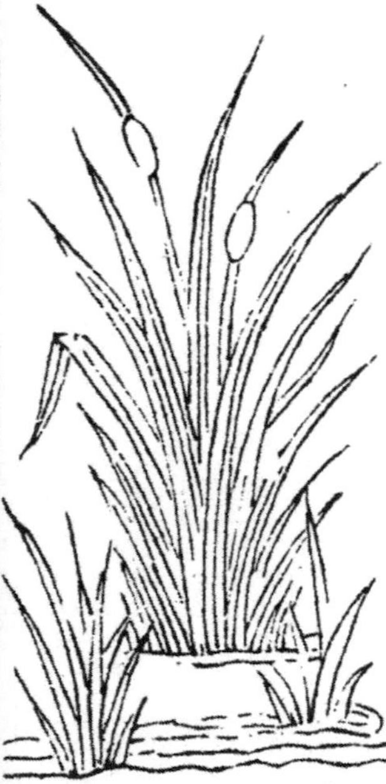

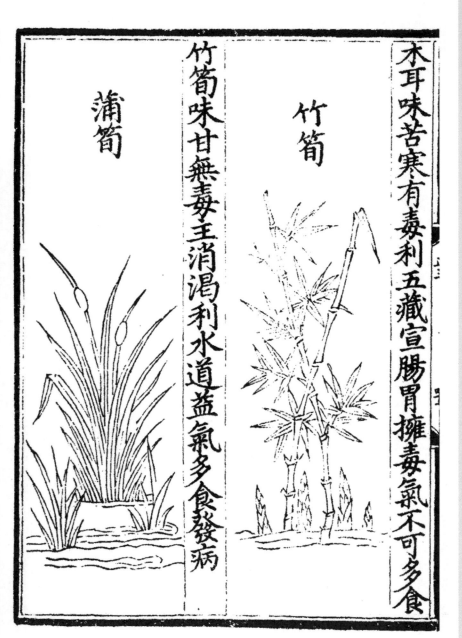

蒲筍味甘無毒補中益氣活血脉

藕

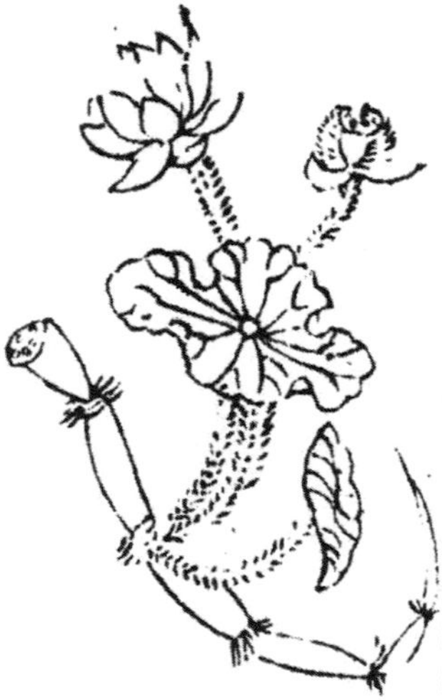

藕味甘平無毒主補中養神益氣除疾消熱渴散血

山藥

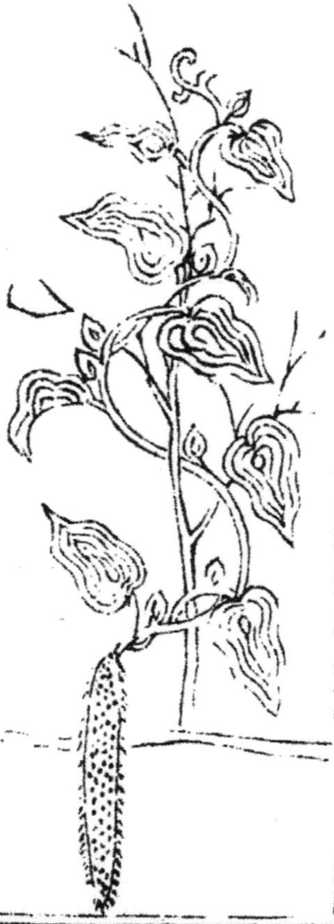

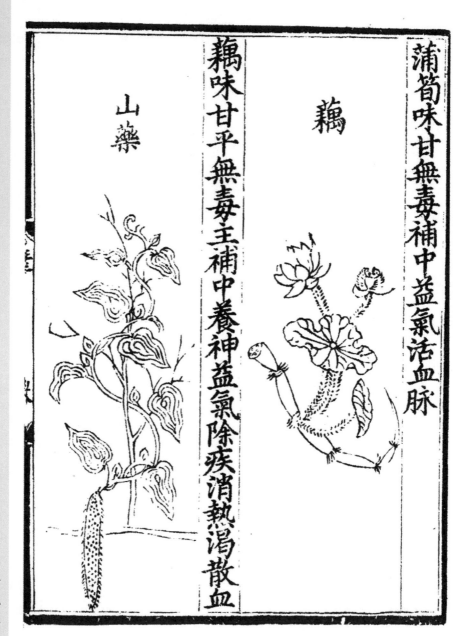

山藥味甘溫無毒補中益氣治風眩止腰痛壯筋骨

芋

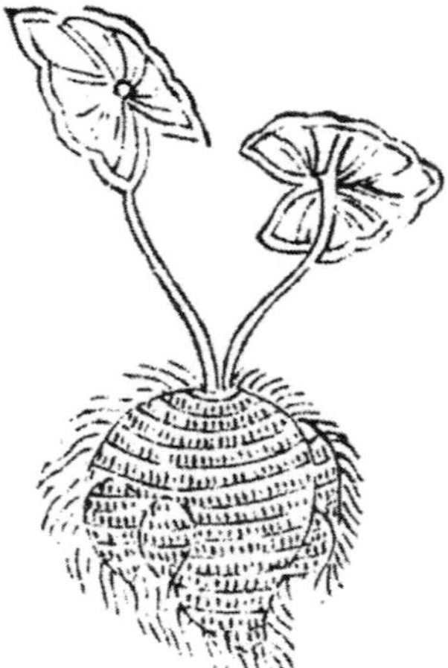

芋味辛平有毒寬腸胃充肌膚滑中野芋不可食

萵苣

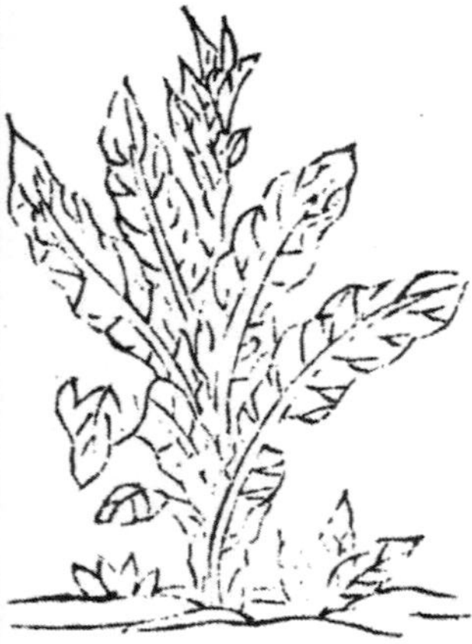

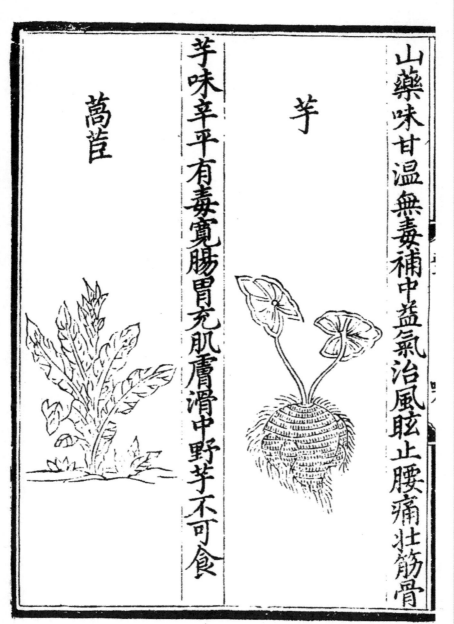

萵苣味苦冷無毒主利五藏開胷膈擁氣通血脉

白菜

白菜味甘溫無毒主通利腸胃除胷中煩解酒渴

蓬蒿

蓬蒿味甘平無毒主通利腸胃安心氣消水飲

茄子

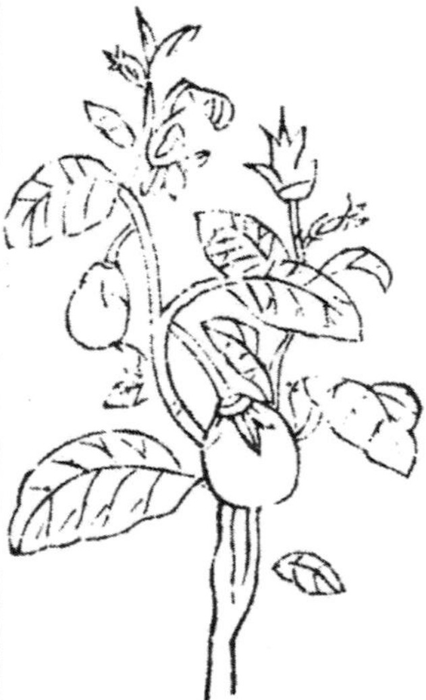

茄子味甘寒有小毒動風發瘡及痼疾不可多食

莧

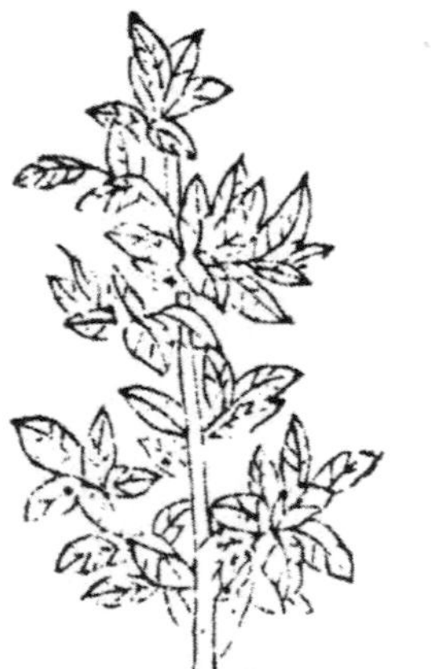

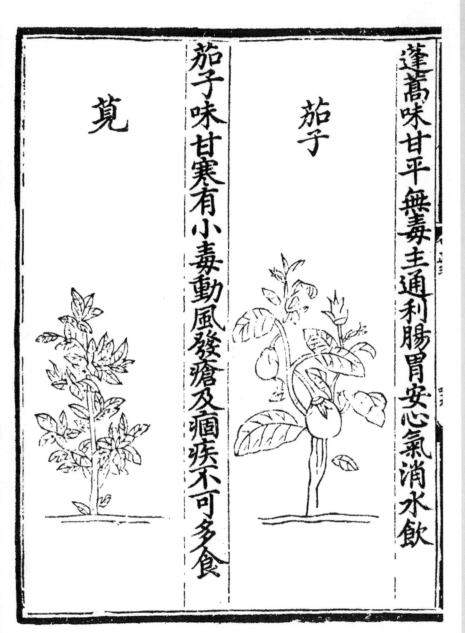

莧味苦寒無毒通九竅莧子益精菜不可與鼈同食

芸薹菜

芸薹味辛温無毒主風熱丹腫乳癰

波稜菜

波薐味甘冷微毒利五藏通腸胃熱解酒毒即赤根

莙薘菜

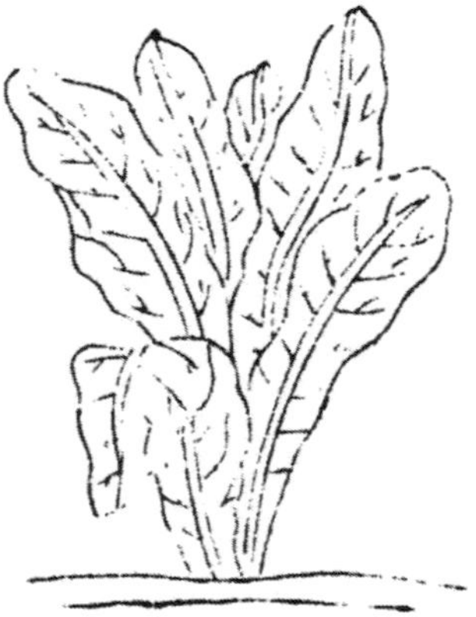

莙薘味甘寒無毒調中下氣去頭風利五藏

香菜

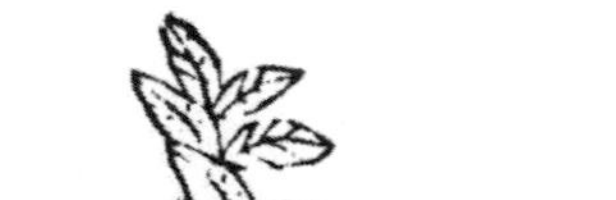

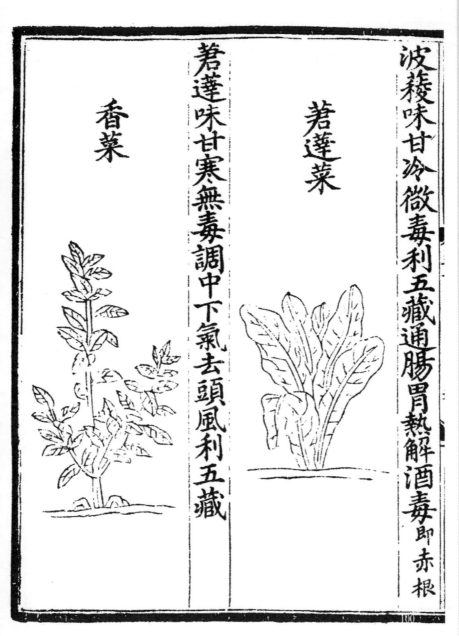

香菜味辛平無毒與諸菜同食氣味香辟腥

蓼子

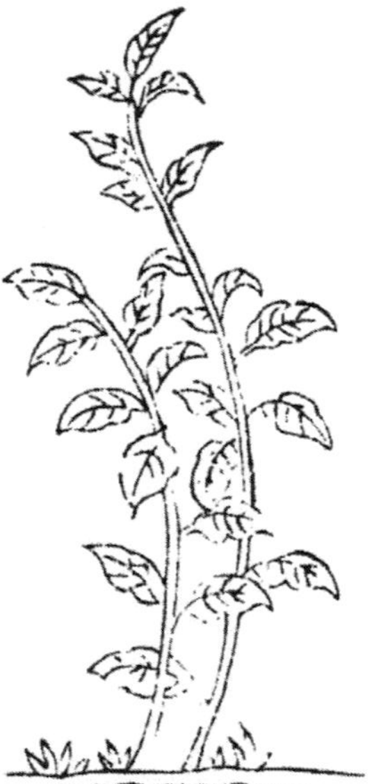

蓼子味辛溫無毒主明目溫中耐風寒下水氣

馬齒菜

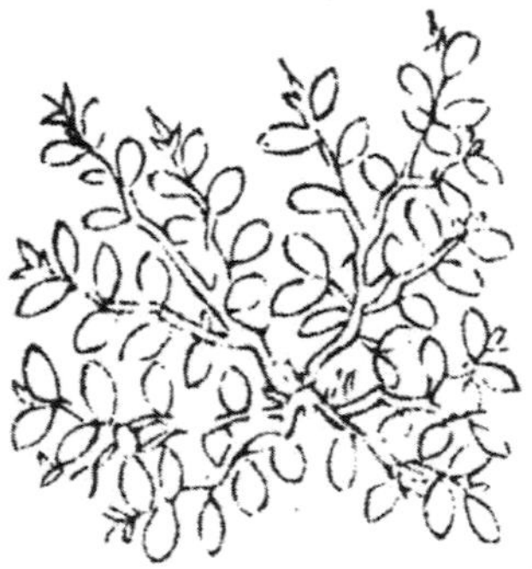

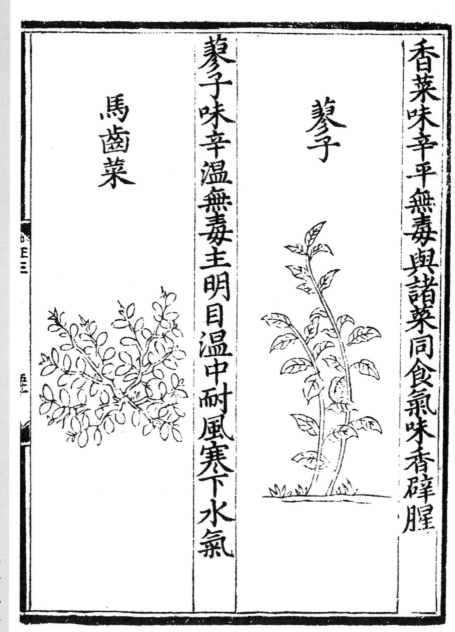

馬齒味酸寒無毒主青盲白瞖去寒熱殺諸虫

天花

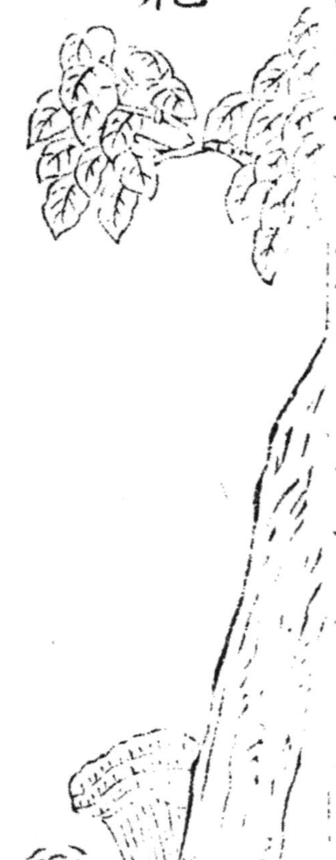

天花味甘平有毒與蘑菇稍相似未詳其性生五臺山

回回葱

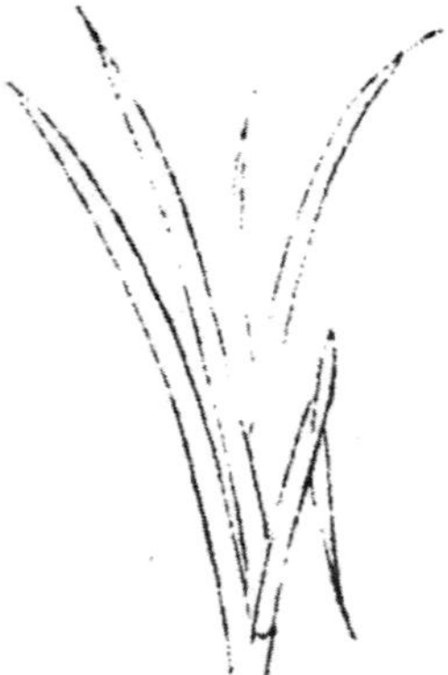

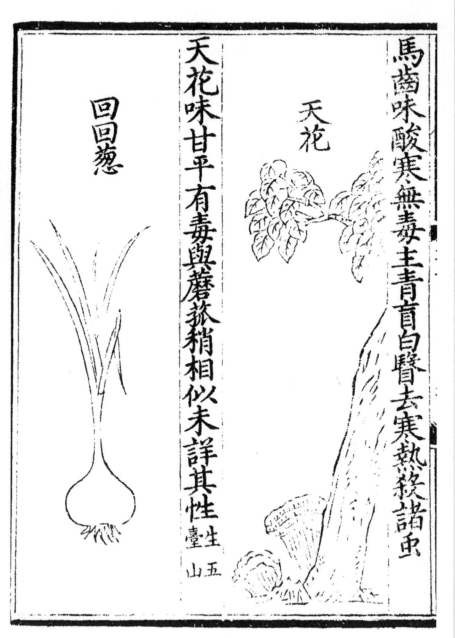

回回葱味辛温無毒温中消穀下氣殺虫久食發病

甘露子

甘露子味甘平無毒利五藏下氣清神　名滴露

榆仁

榆仁味辛溫無毒可作醬甚香美能助肺氣殺諸虫

沙吉木兒

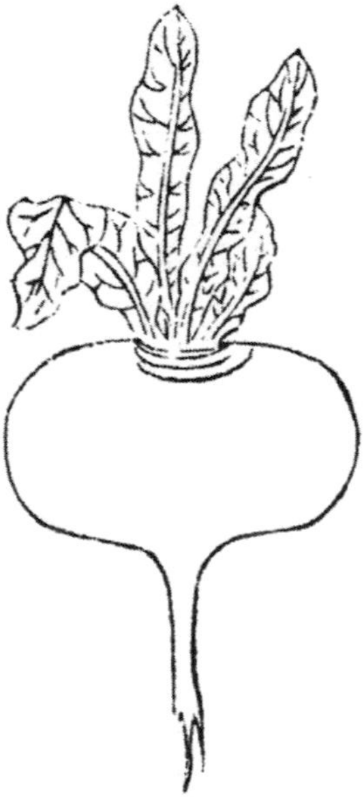

沙吉木兒味甘平無毒溫中益氣去心腹冷痛即蔓菁根

出莙薘兒

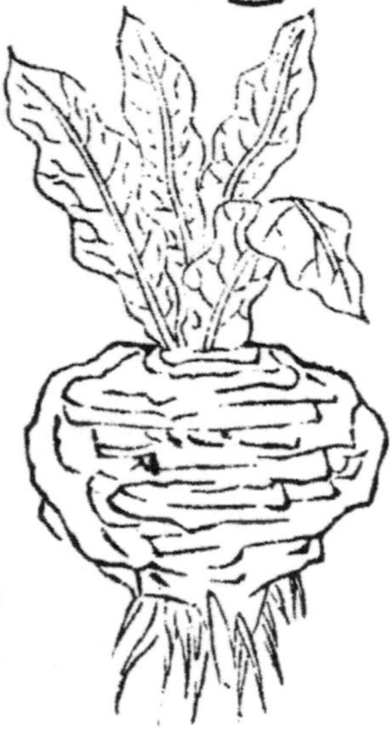

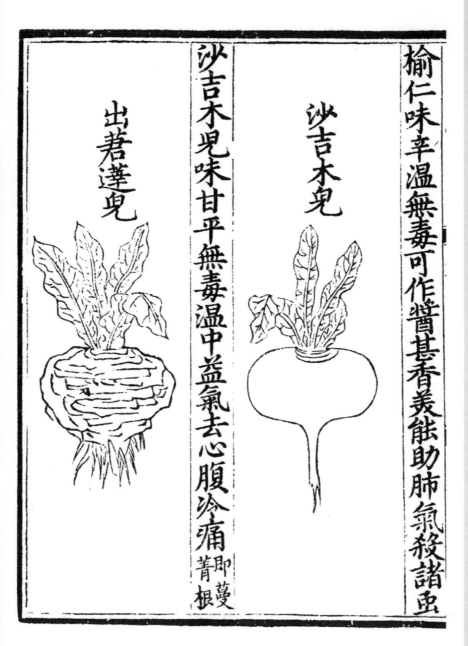

出莙薘兒味甘平無毒通經脉下氣開胷膈即莙薘根也

山丹根

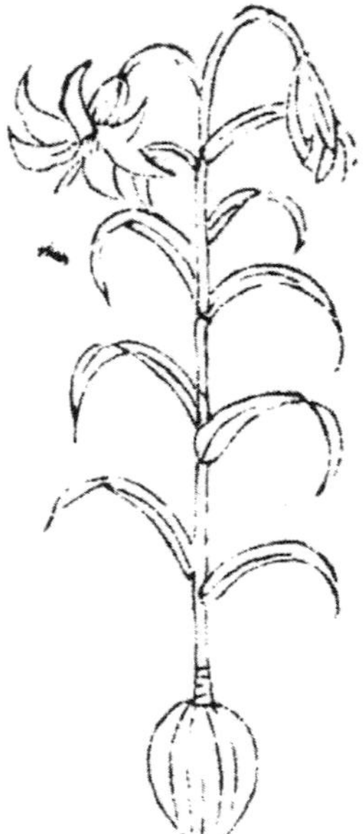

山丹根味甘平無毒主邪氣腹脹除諸瘡腫一名百合

海菜

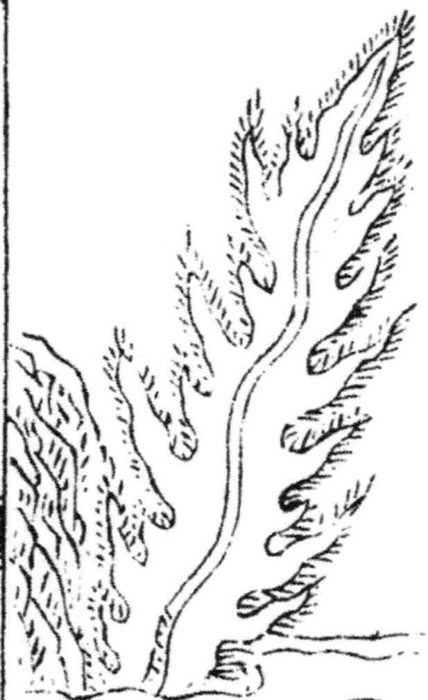

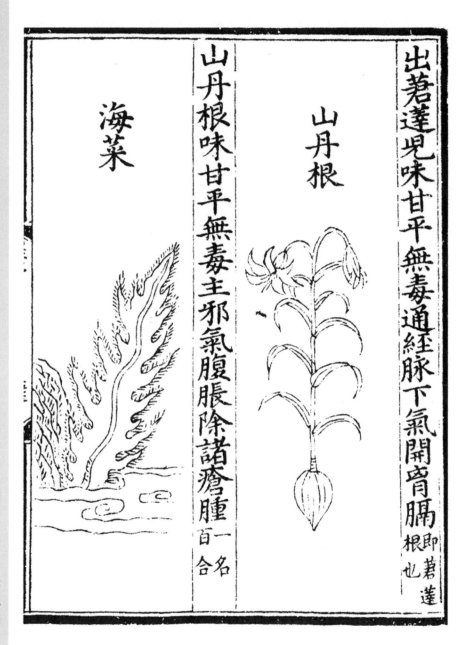

海菜味鹹寒微腥無毒主癭瘤破氣核癰腫勿多食

蕨菜

蕨菜味苦寒有毒動氣發病不可多食

薇菜味甘平無毒益氣潤肌清神強志

苦蕒菜味苦冷無毒治面目黃強力止困可傳諸瘡

水芹味甘平無毒主養神益氣令人肥健殺藥毒療

女人赤沃

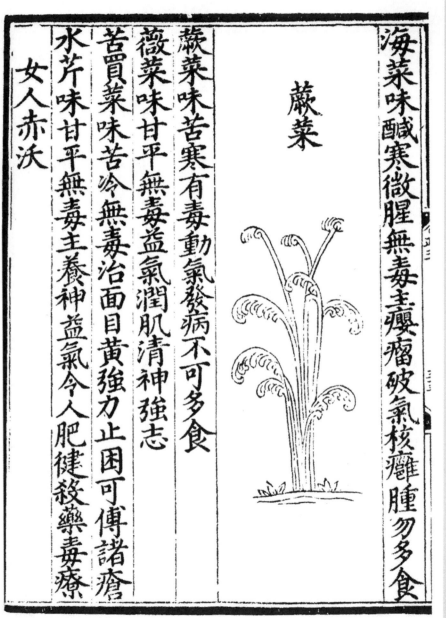

料物性味

胡椒

胡椒味辛温無毒主下氣除藏府風冷去痰殺肉毒

小椒

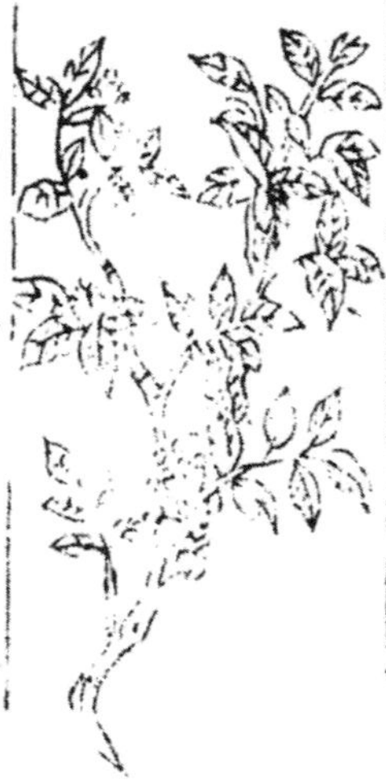

小椒味辛熱有毒主邪氣欬逆温中下冷氣除濕痹

良薑

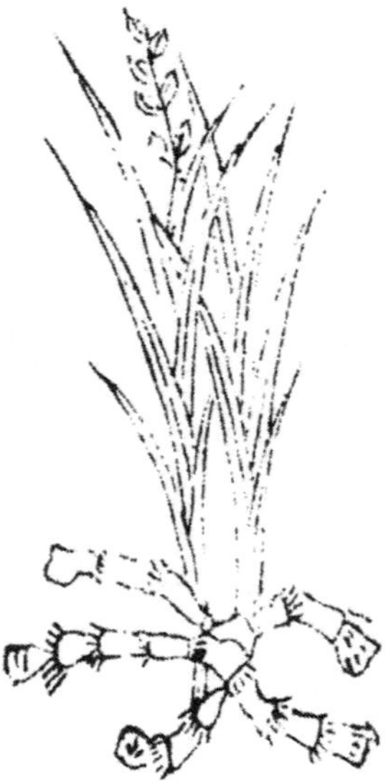

良薑味辛温無毒主胃中冷逆霍亂腹痛解酒毒

茴香

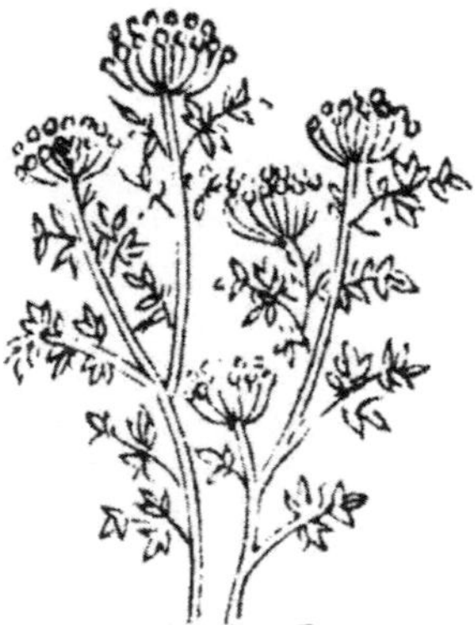

茴香味甘温無毒主膀胱腎經冷氣調中止痛住嘔

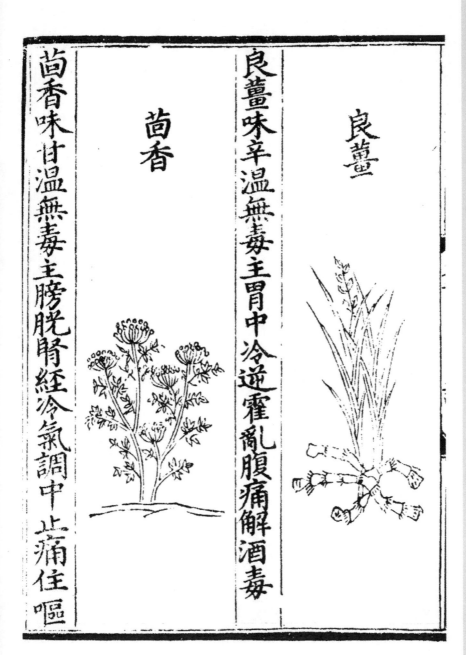

蒔蘿

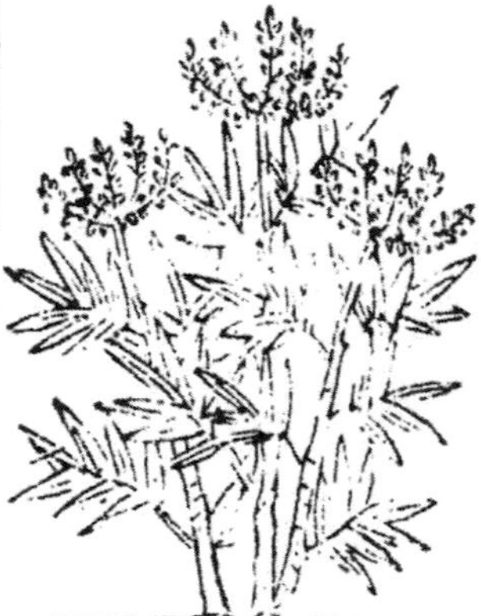

蒔蘿味辛温無毒建脾開胃温中補水藏殺魚肉毒

陳皮

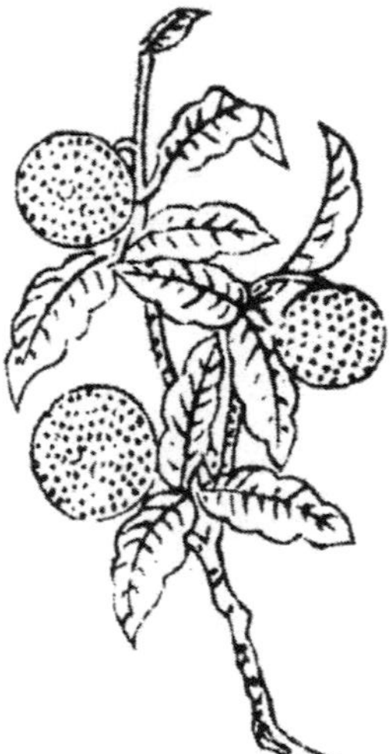

陳皮味甘平無毒止消渴開胃氣下痰破冷積

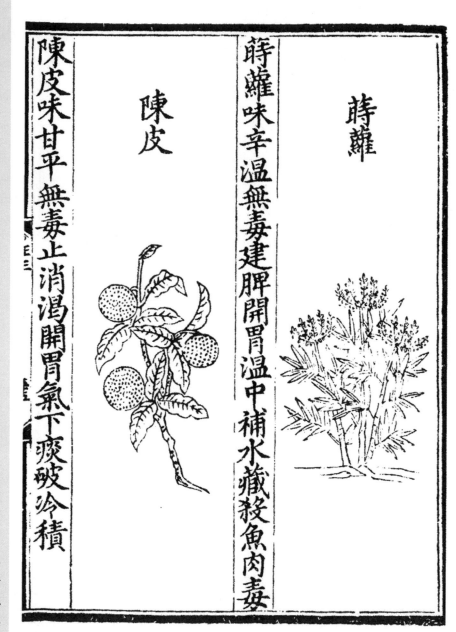

草果

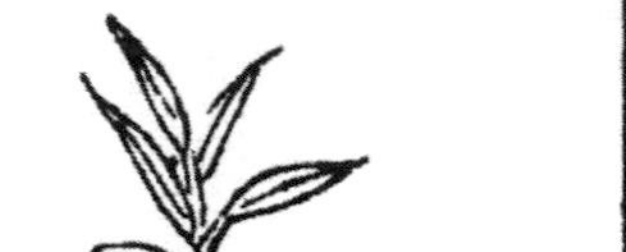

草果味辛溫無毒治心腹痛止嘔補胃下氣消酒毒

桂

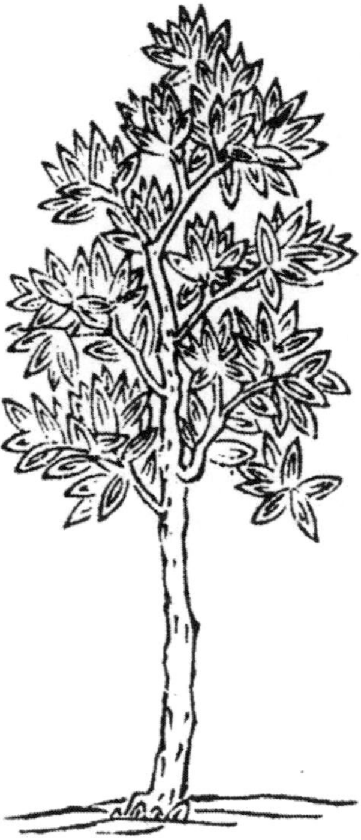

桂味甘辛大熱有毒治心腹寒熱冷痰利肝肺氣

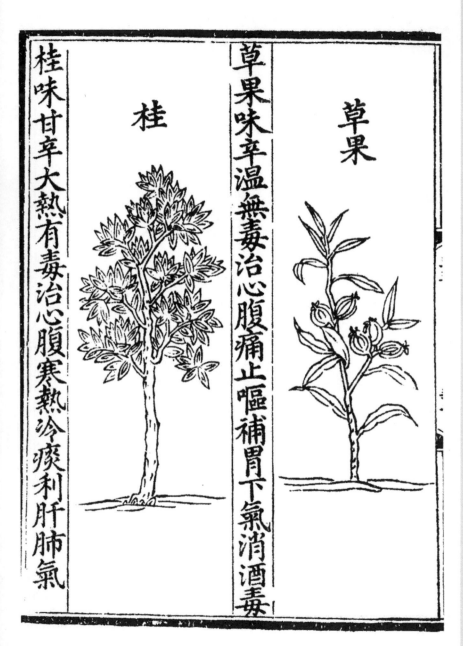

薑黃

薑黃味辛苦寒無毒主心腹結積下氣破血除風熱

蓽撥

蓽撥辛温無毒主温中下氣補腰脚痛消食除胃冷

縮砂

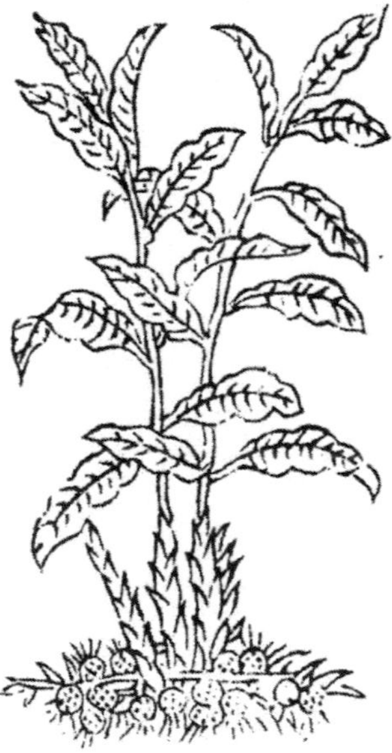

縮砂味辛温無毒主虗勞冷瀉宿食不消下氣

蓽澄茄

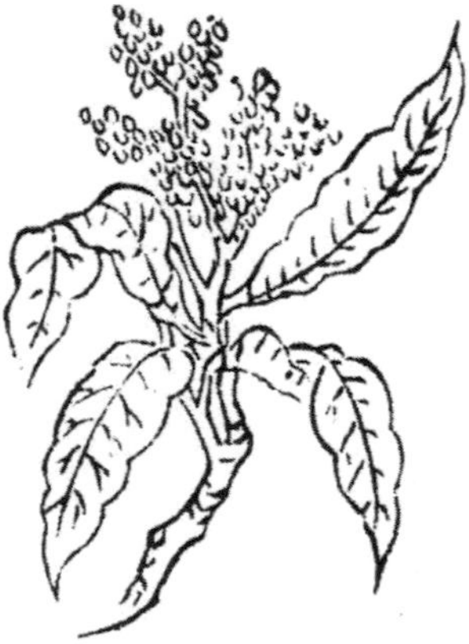

蓽澄茄味辛温無毒消食下氣去心腹脹令人能食

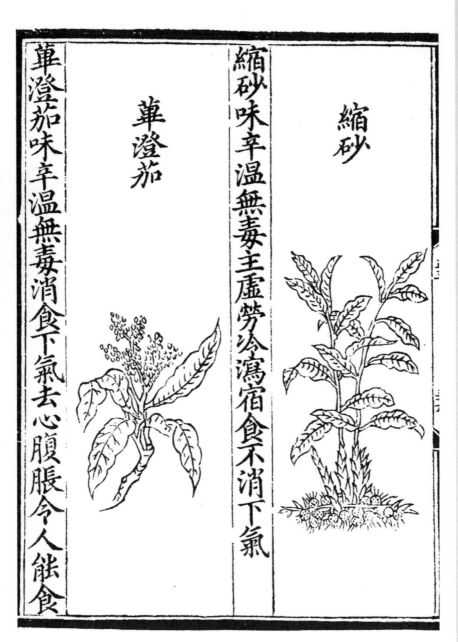

甘草

甘草味甘平無毒和百藥解諸毒

芫荽子

芫荽子辛温無毒消食治五藏不足殺魚肉毒

乾薑

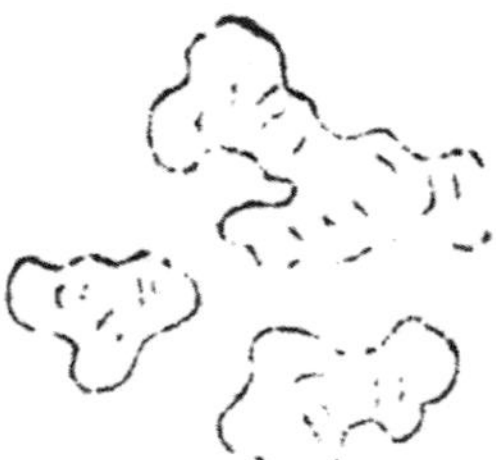

乾薑味辛溫熱無毒主胃膈欬逆止腹痛霍亂脹滿

生薑

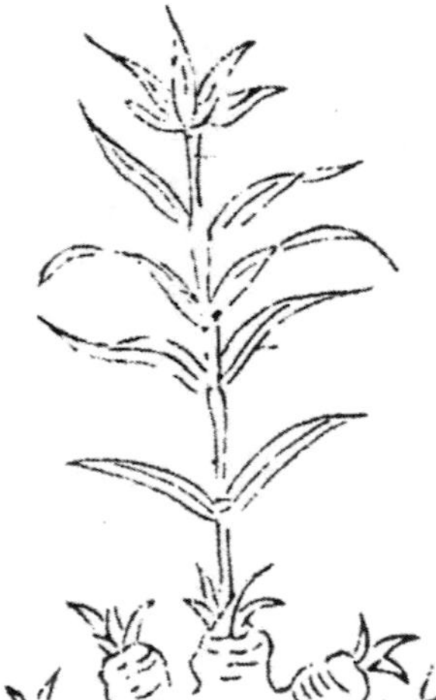

生薑味辛微溫主傷寒頭痛欬逆上氣止嘔清神

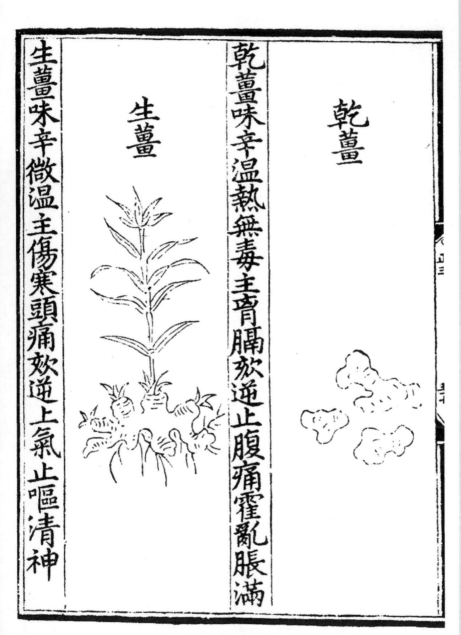

五味子

五味子味酸溫無毒益氣補精溫中潤肺養臟強陰

苦豆

即葫蘆巴

苦豆味苦溫無毒主元藏虛冷腹脅脹滿治膀胱疾

紅麴味甘平無毒建脾益氣溫中淹魚肉內用

黑子兒味甘平無毒開胃下氣燒餅內用極香美

馬思荅吉味苦香無毒去邪惡氣溫中利膈順氣止痛生津解渴令人口香生回回地面云是極香種類

咱夫蘭味甘平無毒主心憂鬱積氣悶不散久食令人心喜即是回回地面紅花未詳是否

哈昔泥味辛溫無毒主殺諸虫去臭氣破癥瘕下惡除邪解蠱毒即阿魏

穩展味辛溫苦無毒主殺虫去臭其味與阿魏同又云即阿魏樹根淹羊肉香味甚美

胭脂味辛温無毒主產後血運心腹絞痛可傅遊腫

梔子味苦寒無毒主五内邪氣療目赤熱利小便

蒲黄味甘平無毒治心腹寒熱利小便止血疾

回回青味甘寒無毒解諸藥毒可傅熱毒瘡腫

飲膳正要卷第三

跋

飲膳正要三卷元忽思慧撰前有天曆三年常普蘭奚進書表虞集奉敕序蓋元代飲膳太醫官書也明景泰間重刻于內府此本皕宋樓藏書志作元刊元印余嚮見常熟瞿氏鐵琴銅劍樓藏本同出一刻而楮印較遜有景泰年序知此爲明本而非元本特佚去景泰一序耳其書詳於育嬰妊娠飲膳衛生食性宜忌諸端雖未合於醫學眞理然可考見元人之俗尙舊時民間傳本極稀近世藏目以鈔本爲多究不若此刻本之可信余求之有年十七年冬始覯之於東京靜嘉文庫因得借印流傳償余夙昔之願焉民國紀元十有九年十月海鹽張元濟

四部叢刊續編

飲膳正要

(一二〇〇三)

中華民國二十三年一月初版

每部三册定價大洋壹元貳角

外埠酌加運費匯費

發行人　王雲五　上海河南路

印刷所　商務印書館　上海河南路

發行所　商務印書館　上海及各埠

書名：飲膳正要（明刊古本足本）
系列：心一堂•飲食文化經典文庫
原著：【元】忽思慧
主編•責任編輯：陳劍聰

出版：心一堂有限公司
通訊地址：香港九龍旺角彌敦道六一〇號荷李活商業中心十八樓〇五一〇六室
深港讀者服務中心：中國深圳市羅湖區立新路六號羅湖商業大厦負一層〇〇八室
電話號碼：(852) 67150840
網址：publish.sunyata.cc
淘宝店地址：https://shop210782774.taobao.com
微店地址：　https://weidian.com/s/1212826297
臉書：　　　https://www.facebook.com/sunyatabook
讀者論壇：　http://bbs.sunyata.cc

香港發行：香港聯合書刊物流有限公司
地址：香港新界大埔汀麗路36號中華商務印刷大廈3樓
電話號碼：(852) 2150-2100
傳真號碼：(852) 2407-3062
電郵：info@suplogistics.com.hk

台灣發行：秀威資訊科技股份有限公司
地址：台灣台北市內湖區瑞光路七十六巷六十五號一樓
電話號碼：+886-2-2796-3638
傳真號碼：+886-2-2796-1377
網絡書店：www.bodbooks.com.tw
心一堂台灣國家書店讀者服務中心：
地址：台灣台北市中山區松江路二〇九號1樓
電話號碼：+886-2-2518-0207
傳真號碼：+886-2-2518-0778
網址：http://www.govbooks.com.tw

中國大陸發行　零售：深圳心一堂文化傳播有限公司
深圳地址：深圳市羅湖區立新路六號羅湖商業大厦負一層008室
電話號碼：(86)0755-82224934

版次：二零一七年十二月初版，平裝

心一堂微店二維碼　　心一堂淘寶店二維碼

定價：港幣　　一百五十八元正
　　　新台幣　五百九十八元正

國際書號 ISBN 978-988-8317-86-8